高等职业学校烹饪工艺与营养专业教材

烹饪职业道德与素养

Pengren Zhiye Daode Yu Suyang

陈治果　吕颜峰◎主编

中国轻工业出版社

图书在版编目（CIP）数据

烹饪职业道德与素养 / 陈治果，吕颜峰主编. —北京：中国轻工业出版社，2025.6
高等职业学校烹饪工艺与营养专业教材
ISBN 978-7-5184-3781-8

Ⅰ.①烹… Ⅱ.①陈… ②吕… Ⅲ.①烹饪—职业道德—高等职业教育—教材 Ⅳ.①TS972.11

中国版本图书馆CIP数据核字（2021）第259660号

责任编辑：方　晓　　责任终审：劳国强　　整体设计：锋尚设计
策划编辑：史祖福　　责任校对：吴大朋　　责任监印：张　可

出版发行：中国轻工业出版社（北京鲁谷东街5号，邮编：100040）
印　　刷：艺堂印刷（天津）有限公司
经　　销：各地新华书店
版　　次：2025年6月第1版第2次印刷
开　　本：787×1092　1/16　印张：7.75
字　　数：158千字
书　　号：ISBN 978-7-5184-3781-8　定价：33.00元
邮购电话：010-85119873
发行电话：010-85119832　010-85119912
网　　址：http://www.chlip.com.cn
Email：club@chlip.com.cn

250832J2C102ZBW

前　言

党的十八大以来，以习近平同志为核心的党中央高度重视公民道德建设，作出了一系列重要部署，立根塑魂、正本清源，推动思想道德建设取得了显著成效。当前，中国特色社会主义已经进入了新时代，其对公民道德建设提出了新的更高要求。因此，作为公民道德建设的重要组成部分，包括烹饪职业道德在内的职业道德建设就显得尤为重要和迫切，在这样的时代背景下，《烹饪职业道德与素养》一书便应运而生。

“民以食为天，食以安为先”，食品安全在很大程度上是建立在烹饪界从业者这一职业群体之上的。可见，学校烹饪专业作为培养餐饮业专业人才的主阵地，高度重视、全面加强学生职业道德教育非常重要。教材是开展课堂教学的主要依托，因此，职业道德教育的教材的有无、质量的优劣直接影响着职业道德教育的效果。

作为高等职业学校烹饪工艺与营养专业教材，本书的特色主要体现在以下几个方面。

第一，紧扣时代，以参加世界技能大赛的选手为个案，研究并综合梳理职业道德与素养在高技能人才多元评价体系中的作用，借以分析烹饪职业道德建设过程中出现的新情况、新问题，注重学生道德学习和道德教育途径和方法的创新。

第二，贴近学生，充分体现“以学生为中心”理念，着眼于学生职业道德社会实践的需要，注重实用性，将职业道德教育和本专业的特点结合起来，有针对性地提出系列具体的要求。

第三，内容简洁，紧紧围绕烹饪职业道德内容、道德规范、道德素养的养成等方面展开，以简洁的语言明确问题，解析难点，说明道理，增强了易读性，帮助学生理解概念和道理，不断增强学生的规则意识和道德观念。

此外，本书在传统内容的基础上，增加了“延伸阅读”“案例教学”等部分内容，在一定程度上丰富了教材内涵，拓宽了知识范围，而且增加了趣味性，方便学生开展自学。

本书由陈治果、吕颜峰担任主编。全书主要内容共分六部分，其中，绪论部分及本书的整体框架结构由耿宝银完成，第一章及定稿工作由吕颜峰完成，第二章、第三章由牟小杰编写，第四章、第五章由刘宾编写。陈治果对全书理论和实践的有机结合给予了全面指导，使本书更加符合烹饪业职业道德教学的需要。

本书在编写过程中借鉴、引用了很多专家、学者的研究成果，参考了大量的专著、教材和网络资料，在此表示感谢。

由于编者水平有限，不妥之处在所难免，敬请广大读者给予批评指正。

编者

2021年10月31日

目　录

绪 论

2001年9月，中共中央印发《公民道德建设实施纲要》，要求全党、全国人民“从公民道德建设入手，继承中华民族几千年形成的传统美德，发扬党领导人民在长期革命斗争与建设实践中形成的优良传统道德，借鉴世界各国道德建设的成功经验和先进文明成果，努力建立与发展社会主义市场经济相适应的社会主义道德体系”。2019年10月，中共中央、国务院印发《新时代公民道德建设实施纲要》，指出“加强公民道德建设是一项长期而紧迫、艰巨而复杂的任务，要适应新时代新要求，坚持目标导向和问题导向相统一，进一步加大工作力度，把握规律、积极创新，持之以恒、久久为功，推动全民道德素质和社会文明程度达到一个新高度。”“全面推进社会公德、职业道德、家庭美德、个人品德建设，持续强化教育引导、实践养成、制度保障，不断提升公民道德素质，促进人的全面发展，培养和造就担当民族复兴大任的时代新人。”党的十九大报告明确要求：“深入实施公民道德建设工程，推进社会公德、职业道德、家庭美德、个人品德建设。”

国无德不兴，人无德不立。加强烹饪职业道德建设，是烹饪行业贯彻执行《新时代公民道德建设实施纲要》的具体体现，是提高烹饪行业从业人员整体素质、促进烹饪行业事业蓬勃发展的重要举措。

一、时代发展呼唤公民道德建设

时代发展对公民道德建设提出了新的要求。中国特色社会主义进入新时代，对新时代公民道德建设提出了新的更高要求。经过改革开放40多年的发展，我国社会基本完成了由传统农业社会向现代工业社会、由计划经济体制向市场经济体制、由温饱型生存方式向小康型生活方式的转变。尤其是伴随我国工业化、信息化、城镇化、农业现代化速度的不断加快，公民活动的私人领域逐步缩小，公共领域日趋扩大，个人行为与社会秩序、公共安全和公众利益之间呈现出前所未有的紧密联系，由之对新时代公民的社会公德提出了更高要求。社会公德涵盖了人与人、人与自然、人与社会关系的各个层面，如：公共交往中的尊老爱幼、善待弱者、诚实守信等；在公共场所遵守公共秩序、维护公共利益、爱护公共财物等；人与周边环境互动中保护生态环境、节约能源、珍爱生命等。

我国社会主义市场经济运行有其自身的内在规律，即市场经济运行原则，主要包括自主原则、求利原则、竞争原则和交换原则。所谓自主原则，是指市场经济的主体都应当具有独立经营、自负盈亏、自我发展、自我调节等自主权，是法人主体，能独立承担民事法律责任。求利原则指市场主体参与市场经营的根本目的就是追求利润，以追求最大利润为最大目的。而竞争原则是实现求利原则的必要手段，竞争就是优胜劣汰。交换原则也是市场基本原则，只有交换才能实现利润，才能最终实现求利原则的目标。

当今的经济建设已经不再是单纯的一个经济过程，它要受到其他很多方面因素的影响和制约，其中公民道德建设对经济建设与发展具有非常重要的作用。可以说，在一定的条件下，公民道德建设决定着经济建设发展的成功与否。通过公民道德建设，充分发挥市场机制的作用，提高劳动生产率、增强社会效益，使经济活动遵循道德价值规律的要求。此外，市场经济强调追求经济利益最大化的目标，本身存在一些缺陷，虽然我国已经运用经济、法律、行政等手段实行宏观调控予以保障，但还是存在一些道德败坏、利欲熏心、功利主义严重的人，更有甚者自利欲望无限膨胀，追求利益不择手段，不惜损害社会和他人的利益。要想进一步整顿和规范市场经济秩序，保证我国社会主义市场经济持续、快速、健康地发展，必须要加强公民道德建设，提高整个社会公民的道德素质，引导公民正确处理竞争与协作、公平与效率、个人利益与集体利益、国家利益的关系，进而建立起具有良好道德规范的经济秩序，为社会主义市场经济的健康发展提供精神基础。

二、市场经济条件下的烹饪行业离不开职业道德建设

市场经济的发展为烹饪行业的发展提供了良好的机遇和条件，其自身的优势使烹饪业也得到了长足的发展。同时，市场经济的负面效应在烹饪行业自身的多个方面也有所体现。例如烹饪业中的一些经营者不讲职业道德，唯利是图、见利忘义，在经营中不择手段地想方设法地坑害消费者，引起消费者的不满。不少从业者缺乏敬业精神，服务意识差，业务上不求上进，行为不守职业规定，金钱至上，只讲报酬、不讲服务质量，不讲信誉，有些厨师大手大脚，浪费极为严重等。这些现象是对烹饪职业道德的公然违反，同时也败坏了行业形象和社会风气。

在诸多不良行为中，价格掺水、偷梁换柱、缺斤少两等行为屡见不鲜。还有的从业人员“唯钱是瞻，了无诚信”，为了利益的驱动而背信弃义，肆意撕毁合同，这种行为严重地扰乱了企业的正常发展秩序。

市场经济是法治经济，是道德经济，也是信用经济。经济活动的有序进行，需要建立健全法律制度、宏观调控机制，也需要良好的职业道德作为保障。在社会主义的初级阶段，市场机制、市场秩序、经济法规以及相应的法律体系还不健全的情况下，职业道德的自我调节和舆论的约束更显得重要。那种认为市场经济必然带来假冒伪劣、坑蒙拐骗、巧取豪夺等现象的观点，是对市场经济的极大曲解。市场经济越发展，对职业道德水准的要求越高。就烹饪行业而言，加强烹饪职业道德建设，可以提高从业人员的职业责任感和爱岗敬业精神，使从业人员懂得工作、劳动的价值和意义，从根本上激发从业人员的积极性和创造性。因此，在竞争日益激烈的市场经济大潮中，烹饪职业道德建设水平，关系到整个烹饪行业的兴衰成败。

烹饪职业道德是社会主义职业道德的一个重要组成部分。具有职业道德的共同点，即以为人民服务为核心、以集体主义为原则、以诚实守信为重点、坚持人道主义等。同时，根据

烹饪行业的特点，它还具有进步性、崇高的目的性、广泛的适应性和高度的自觉性以及实践性等特点。抓好烹饪职业道德建设，不断提高烹饪从业人员的思想觉悟和道德品质，增强他们的爱岗敬业意识和服务社会意识，能促使广大从业人员形成高度的主人翁责任感，更好地提高我国烹饪行业的形象，充分开发我国的餐饮文化资源，让中国餐饮走向世界，创造更高的经济效益和社会效益。

中国是餐饮大国。从餐饮方面来讲，中国是一个具有丰富的烹饪文化传统的国家。国内大的菜系就有八个，即川菜、粤菜、鲁菜、闽菜、苏菜、浙菜、湘菜和徽菜，每个菜系的形成和它的悠久历史与独特的烹饪特色分不开，同时也受到这个地区的自然地理、气候条件、资源特产和饮食习惯的影响。中国菜在世界上具有相当大的影响力，认真研究中国菜、开发中国菜、让中国菜走向世界是烹饪学界的共同目标。面对如此丰富的资源以及世界广阔的市场，我们必须“两手抓，两手都要硬”，即一手抓烹饪资源的开发，一手抓从业人员的职业道德教育，大力加强烹饪职业道德建设，克服行业内部的不正之风，以良好的道德风尚来推动餐饮业的健康发展，让中国成为名副其实的世界烹饪大国。

三、学习烹饪职业道德课的意义和方法

（一）学习烹饪职业道德课的意义

烹饪职业道德课是对学生进行思想道德素质教育和培养的重要课程之一，有助于提高学生的综合素质，把学生培养成为适应社会主义市场经济所需要的“四有”新人。

职业院校烹饪专业的学生，毕业以后绝大部分都将直接从事烹饪行业的工作，他们都是烹饪行业的主力军。学生职业道德水平的提高，有助于烹饪行业的发展，具体表现在以下几个方面：

第一，有助于稳定的行业环境的形成和优化。发展烹饪业需要稳定的社会环境，而加强烹饪职业道德的教育和建设，有利于正确处理好各种利益关系，有利于正确对待公平与效率，最终有利于稳定的社会环境的形成。

第二，有助于克服市场经济带来的局限性和弊端。市场经济有激发社会生产力发展的优点，但市场经济活动有它的局限性和弊端。加强烹饪职业道德的教育和建设，充分发挥社会主义市场经济的积极作用，不断增强从业人员的自立意识、竞争意识、效率意识、民主法制意识和开拓创新意识，有利于克服市场经济带来的局限性和弊端。

第三，有助于烹饪行业从业人员整体素质的提升。烹饪行业必然要追求效率和效益，而效率和效益有赖于从业人员积极性和创造性的发挥。加强烹饪职业道德教育，对于促进从业人员对自己职业岗位的热爱，加强从业人员的责任心，促使其对职业技能的精益求精，都有重要作用。

第四，有助于烹饪行业从业人员创新能力的培养。由职业精神激发的主动性和创造性，将成为推动烹饪业不断创新、不断发展的强大精神动力。

（二）学习烹饪职业道德课程的方法

烹饪职业道德课程为我们提供了关于职业道德和烹饪职业道德的一系列科学概念和理论。要把自己培养成为职业道德高尚的人，还需要有科学的学习方法。

首先，认真研读教材，学好理论是前提。理论知识包括烹饪职业道德的概念、特征、内容及其养成等诸多方面。

其次，要加强职业道德的实践性，理论联系实际是关键。职业道德具有很强的实践性，因为职业道德一方面涉及每个从业者如何对待职业，如何对待工作，同时也是一个从业人员的生活态度、价值观念的表现。

第三，积极开展职业道德评价是手段。职业道德评价是指根据一定社会或阶级的道德原则或规范，对他人或自己的行为进行善恶判断，表明褒贬态度。

广大烹饪专业的学生应该认真读书，深入思考，刻苦钻研，掌握烹饪职业道德的基本概念、观点和理论，结合自身实际和行业实际，深入开展社会实践活动，知行合一，加强修养；同时积极开展职业道德评价活动，在实践活动中磨练意志，锻炼能力，完善自我，全面发展，将来为社会主义现代化建设做出自己应有的贡献。

第一章 烹饪职业道德概论

第一节　道德概述

第二节　职业道德概述

第三节　烹饪职业道德概述

第四节　烹饪职业生涯规划

第一节　道德概述

一、道德的词源

“道德”是“道”和“德”的合成词（图1-1），在汉语中可追溯到先秦思想家老子（图1-2）所著的《道德经》一书。老子说：“道生之，德畜之，物形之，势成之。是以万物莫不尊道而贵德。道之尊，德之贵，夫莫之命而常自然。”其中“道”指自然运行与人世共通的真理；而“德”是指人世的德性、品行、王道。但，德的本意实为遵循道的规律促进自身发展变化。在当时“道”与“德”是两个概念，并无“道德”一词。“道德”二字连用始于荀子《劝学》篇：“故学至乎礼而止矣，夫是之谓道德之极”。在西方古代文化中，“道德”（Morality）一词起源于拉丁语的“Mores”，意为风俗和习惯。《论语 · 学而》：“其为人也孝弟，而好犯上者，鲜矣；不好犯上，而好作乱者，未之有也。君子务本，本立而道生。”钱穆先生的注解：“本者，仁也。道者，即人道，其本在心。”可见，“道”是人关于世界的看法，应属于世界观的范畴。

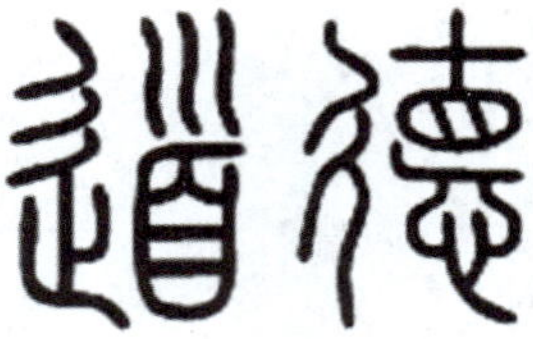

图1-1　道和德

图1-2　老子

二、道德的定义

道是天地万物，道是规律，是真理，是秩序，是法则，就是自然规律。德是通达规律，是符合真理，是顺守秩序，是遵循法则，按照规律去生活。道德双修是人生的哲学。道德是一种社会意识形态，是人们共同生活及其行为的准则与规范。

那道德的定义到底是什么呢？一般来讲，道德是社会意识形态之一，是人们共同生活及其行为的准则和规范。道德通过社会的或一定阶级的舆论对社会生活起约束作用。道德是以善恶为标准，通过社会舆论、内心信念和传统习惯来评价人的行为，调整人与人之间以及个人与社会之间相互关系的行动规范的总和。马克思主义认为，道德是一种社会意识形态，它是人们共同生活及其行为的准则和规范。不同的时代、不同的阶级有不同的道德观念，没有任何一种道德是永恒不变的。道德具有调节、认识、教育、导向等功能。与政治、法律、艺术等意识形式有密切的关系。

道德不是天生的，人类的道德观念是受到后天的宣传教育及社会舆论的长期影响而逐渐形成的。这是一种道德相对主义，与之相反的主张则称为道德绝对主义。道德很多时候跟良心一起谈及，良心是指自觉遵从主流道德规范的心理意识。中华传统文化中，形成了以仁义为基础的道德。党的十八大以来，以习近平同志为核心的党中央高度重视公民道德建设，立根塑魂、正本清源，作出一系列重要部署，推动思想道德建设取得显著成效。中国特色社会主义和中国梦深入人心，践行社会主义核心价值观、传承中华优秀传统文化的自觉性不断提升，爱国主义、集体主义、社会主义思想广为弘扬，崇尚英雄、尊重模范、学习先进成为风尚，民族自信心、自豪感大大增强，人民思想觉悟、道德水准、文明素养不断提高，道德领域呈现积极健康向上的良好态势。2019年10月，中共中央、国务院印发了《新时代公民道德建设实施纲要》，并发出通知，要求各地区各部门结合实际认真贯彻落实。道德包括：社会公德、职业道德、家庭美德、个人品德。社会公德简称“公德”，是指存在于社会群体中间的道德，是生活于社会中的人们为了我们群体的利益而约定俗成的我们应该做什么和不应该做什么的行为规范。

【延伸阅读】

关于道德的名言警句

1. 最有道德的人，是那些有道德却不须由外表表现出来而仍感满足的人。——柏拉图

2. 支配和统治一切的，在君主政府中是法律的力量，在专制政府中是永远高举着的君主的铁拳，但是在一个人民的国家中还要有一种推动的枢纽，这就是美德。——孟德斯鸠

3. 在世界上一切道德品质之中，善良的本性是最需要的。——罗素

4. 因为道德是做人的根本。根本一坏，纵然使你有一些学问和本领，也无甚用处。——陶行知

5. 一个人能力有大小，但只要有这点精神，就是一个高尚的人，一个纯粹的人，一个有道德的人，一个脱离了低级趣味的人，一个有益于人民的人。——毛泽东

6. 养成他们有耐劳作的体力，纯洁高尚的道德，广博自由能容纳新潮流的精神，也就是能在世界新潮流中游泳，不被淹没的力量。——鲁迅

7. 问心的道德胜于问理的道德，所以情感的生活胜于理智的生活。——朱光潜

8. 人在智慧上应当是明豁的，道德上应该是清白的，身体上应该是洁净的。——契诃夫

9. 精神上的道德力量发挥了它的潜能，举起了它的旗帜，于是我们的爱国热情和正义感在现实中均得施展其威力和作用。——黑格尔

10. 对于美德，我们仅止于认识是不够的，我们还必须努力培养它，运用它，或是采取种种方法，以使我们成为良善之人。——亚里士多德

11. 德之不修，学之不讲，闻义不能徙，不善不能改，是吾忧也。——孔丘

12. 道德能帮助人类社会升到更高的水平，使人类社会摆脱劳动剥削制。——列宁

三、道德的主要功能

归纳起来，道德具有五个方面的主要功能：

（1）认识功能　道德是引导人们追求至善的良师。它教导人们认识自己，对家庭、对他人、对社会、对国家应负的责任和应尽的义务，教导人们正确地认识社会道德生活的规律和原则，从而正确地选择自己的行为和生活道路。

（2）调节功能　道德是社会矛盾的调节器。人生活在社会中总要和自己的同类发生这样那样的关系。因此，不可避免地要发生各种矛盾，这就需要通过社会舆论、风俗习惯、内心信念等特有形式，以自己的善恶标准去调节社会上人们的行为，指导和纠正人们的行为，使人与人之间、个人与社会之间关系臻于完善与和谐。

（3）教育功能　道德是催人奋进的引路人。它培养人们良好的道德意识、道德品质和道德行为，树立正确的义务、荣誉、正义和幸福等观念，使受教育者成为道德纯洁、理想高尚的人。

（4）评价功能　道德是公正的法官。道德评价是一种巨大的社会力量和人们内在的意志力量。道德是人用以评价来把握现实的一种方式，它是通过把周围社会现象判断为"善"与"恶"而实现。

（5）平衡功能　道德不仅调节人与人之间的关系，而且平衡人与自然之间的关系。它要求人们端正对自然的态度，调节自身的行为。环境道德是当代社会公德之一，它能教育人们应当以造福于而不贻祸于子孙后代的高度责任感，从社会的全局利益和长远利益出发，开发自然资源，发展社会生产，维持生态平衡，积极治理和防止对自然环境的人为性的破坏，平衡人与自然之间的正常关系。

除了上述主要功能，道德还具有其他方面的功能，如导向功能、激励功能、辩护功能、沟通功能等。

四、道德与法律的区别与联系

道德和法律都是人类社会特定经济关系的产物，道德属于意识形态范畴，法律属于社会制度范畴。两者都是调控社会关系和人们行为的重要机制。法律是由国家制定并强制实施的行为规范，包括宪法、法律、法令、行政法规（治安管理处罚条例）、条例、规章、判例、习惯法等各种成文法和不成文法。道德是依靠人们的内心信念、传统习惯和思想教育调整行为的规范。

（一）道德与法律的区别

道德和法律虽然都属于意识形态领域，有着密切的联系，但二者属于不同的规范体系和调控机制，都有各自的性质和界定，存在着较为明显的差别。

1. 产生条件不同

原始社会没有现代意义上的法律，首先产生的是道德规范和宗教。随着历史的发展，随着氏族制度的解体以及私有制度的产生法律才被确立而出现，然而道德的产生则是与人类的产生同步的，由最古老的社会规范逐渐发展完善，经过历史沉淀来维系整个社会最基本的规范，没有道德的约束，整个社会就没有了存在的依托。法律的产生是以多元化和利益冲突普遍化为条件，而道德的产生则是以社会中的人际交往为条件。

2. 二者的本质不同

法律是“他律”，而道德是“自律”。法律主要表现在其本身的强制力上，这种强制力的作用形式就是国家机器，而这些强制手段往往具有一定的暴力色彩，比如剥夺财产，甚至是生命，进而可以对整个社会形成一种有形的威慑力，将保障社会秩序的正常运行。道德则是通过内心主观上来对自己的行为作出的约束，它无法借助外在的强制力进行，因为主观无法做到与客观真正调和，外在力量无法改变一个人的想法，而道德的实质是通过文化的教育、引导、影响等自觉形成，而且会随着社会外界环境的变化而变化。

3. 表现形式不同

法律集中体现统治阶级的意志，通过统治阶级作出具体的立法规范，强制实施加给社会成员，以维护社会的稳定，是国家制定或认可的一种行为规范，比如刑法、民法等。道德是人们在历史发展过程中自发形成的，是有条件的、有历史性、有地域性等特征。道德不需要强制作出明文约束，它确立的思想内容存在于人们的意识世界，具有抽象性。

4. 调整范围不同

道德通过人们的主观意识，最终达到调节人们的行为的目的，调节范围比法律要宽泛许多，在道德的调节过程中有些方面是无法用法律来做出具体的规范和调节的，比如友情、爱情、亲情，在感情没有转化到更加具体之前，很难用法律来衡量法律。

5. 规范体系的构成不同

法律形成了严密的立法体系，有独立的部门制度，与国家政权的组织紧密相连，道德没有具体特定的规范和组织。

（二）道德和法律的联系

1. 二者都能约束人们的行为

法律的制定都也是综合考虑了道德而制定的，也不与道德观念相冲突，它更不违背原有的道德观念，根据道德要求而最终成立相应的法律条文。而“认可法律”是国家的立法机关根据实际需要，对某些已经存在的风俗习惯、道德规则、宗教教规等加以确认，赋予其法律效力，使之成为法律。它主要是以当前社会中存在的某些道德观念加以法律化，使之权威化，对全国公民都同时起到作用，以达到最大的社会效应。

2. 二者都能引起强大的社会效应

道德和法律都是社会意识形态，都是为经济基础服务的上层建筑，同时又受到一定的政治和社会意识形态的直接影响，为实现一定阶级的政治和社会意识形态服务。在现实社会中几乎没有人不知道道德和法律，道德和法律在人们心中早已经根深蒂固，它们共同成为人们的一种思想观念，二者所引起的社会效应也是非常强大的。

3. 二者是相互渗透的

法律贯穿的道德精神。许多法律的制定都是建立在道德基础之上，根据道德原则或者规范而制定，而道德的许多内容又是从法律中汲取的。

4. 二者是相互制约的

道德可以通过对法律的某些公正性的条令以及公正程度的评价，保持法的方向。法律通过具体的行为规范、条令，以立法、司法的方式促进某些道德行为的完善和发展，制约不道德的行为。如正当防卫在法律允许的范围内，而故意伤害则必将受到法律的严惩和道德的谴责。

凡是法律所禁止的东西也是道德所不允许的。凡是法律所要求鼓励的，也是符合道德规范应该大力推崇的。从法律和道德的实质上讲：法律与道德应该是统一的，这也就必然决定了法律是道德的政治支柱，道德是法律的力量之源。一招区分法律与道德：法律一般所描述的是道德的底线。也就是说不道德就可能违法或容易违法。

【延伸阅读】

用一个简单的例子来迅速区分一下道德与法律：甲向乙借款，并立据为证。

将发生下列情形：（前提此借款无利息）

1. 甲有钱提前归还

道德高尚

2. 甲有钱后等到规定时间归还

不道德

3. 到规定时间不归还

违法

第二节　职业道德概述

道德是社会意识形态之一，是人们共同生活及其行为的准则和规范。道德通过社会的或一定阶级的舆论对社会生活起约束作用。道德是以善恶为标准，通过社会舆论、内心信念和传统习惯来评价人的行为，调整人与人之间以及个人与社会之间相互关系的行动规范的总和。道德是一个庞大的体系，而职业道德则是这个体系中的一个非常重要部分，它是社会分工发展到一定阶段的产物。本节主要介绍职业道德的基本知识以及职业道德与企业发展之间的关系。

（一）职业道德产生的历史渊源

1. 职业道德产生和发展

图1-3　于成龙

职业道德是随着社会分工的发展，并出现相对固定的职业集团时产生的。人们的职业生活实践是职业道德产生的基础。在原始社会末期，由于生产和交换的发展，出现了农业、手工业、畜牧业等职业分工，职业道德开始萌芽。进入阶级社会以后，又出现了商业、政治、军事、教育、医疗等职业。在一定社会的经济关系基础上，这些特定的职业不但要求人们具备特定的知识和技能，而且要求人们具备特定的道德观念、情感和品质。各种职业集团，为了维护职业利益和信誉，适应社会的需要，从而在职业实践中，根据一般社会道德的基本要求，逐渐形成了职业道德规范。在古代文献中，早有关于职业道德规范的记载。例如，公元前6世纪的中国古代兵书《孙子兵法·始计》中，就有“将者，智、信、仁、勇、严也”的记载。智、信、仁、勇、严这五德被中国古代兵家称为将之德。清朝廉吏于成龙（图1-3）为官时曾定下《示亲民官自省六戒》，提出勤抚恤、慎刑法、绝贿赂、杜私派、严征收、崇节俭六条戒律。中国古代的医生，在长期的医疗实践中形成了优良的医德传统。“疾小不可云大，事易不可云难，贫富用心皆一，贵贱使药无别”，是医界长期流传的医德格言。古希腊的《希波克拉底誓言》，是西方最早的医界职业道德文献。一定社会的职业道德是受该社会的分工状况和经济制度所决定和制约的。在封建社会，自给自足的自然经济和封建等级制不仅限制了职业之间的交往，而且阻碍了职业道德的发展。只是在某些工业、商业的行会条规以及从事医疗、教育、政治、军事等行业的著名人物的言行和著作中包含有职业道德的内容。在这一社会的行业中，也出现过具有高超技艺和高尚品德的人物，他们的职业道德行为和品质受到广大群众的称颂，并世代相袭，逐渐形成优良的职业道德传统。资本主义商品经济的发展，促进了社会分工的扩大，职业和行业也日益增多、复杂。各种职业集团，为了增强竞争能力，增值利润，纷纷提倡职业道德，以提高职业信誉。在许多国家和地区，还成立了职业协会，制定协会章程，规定职业宗旨和职业道德规范。从而促进了职业道德的普及和发展。在资本主义社会，不但先前已有的将德、官德、医德、师德等进一步丰富和完善，而且出现了许多以往社会中所没有的道德，如企业道德、商业道德、律师道德、科学道德、编辑道德、作家道德、画家道德、体育道德，等等。但是，由于资产阶级的利己主义和金钱至上的观念，使职业道德的作用在资本主义社会中受到很大的局限。也由于资本主义社会的性质，决定了某些职业道德的虚伪性，需要时提倡它，不需要时就践踏它，并往往做表面文章。

2．社会主义职业道德

社会主义的职业道德是适应社会主义物质文明和精神文明建设的需要，在共产主义道德原则的指导下，批判地继承了历史上优秀的职业道德传统的基础上发展起来的。由于社会主义的各行各业没有高低贵贱之分，在职业内部的从业人员之间、不同职业之间以及职业集团与社会之间没有根本的利害冲突，因此，不同职业的人们可以形成共同的要求和道德理想，树立热爱本职工作的责任感和荣誉感。中国各行各业制定的职业公约，如商业和其他服务行业的“服务公约”、人民解放军的“军人誓词”、人民教师的“教师誓词”、科技工作者的“科学道德规范”以及工厂企业的“职工条例”中的一些规定，都属于社会主义职业道德的内容，它们在职业生活中已经发挥了巨大的作用。

（二）职业道德的概念

职业道德的概念有广义和狭义之分。广义的职业道德是指从业人员在职业活动中应该遵循的行为准则，涵盖了从业人员与服务对象、职业与职工、职业与职业之间的关系。狭义的职业道德是指在一定职业活动中应遵循的、体现一定职业特征的、调整一定职业关系的职业行为准则和规范。不同的职业人员在特定的职业活动中形成了特殊的职业关系，包括了职业主体与职业服务对象之间的关系、职业团体之间的关系、同一职业团体内部人与人之间的关系，以及职业劳动者、职业团体与国家之间的关系。

职业道德就是同人们的职业活动紧密联系的符合职业特点所要求的道德准则、道德情操与道德品质的总和，它既是对本职人员在职业活动中的行为标准和要求，同时又是职业对社会所负的道德责任与义务。是指人们在职业生活中应遵循的基本道德，即一般社会道德在职业生活中的具体体现。是职业品德、职业纪律、专业胜任能力及职业责任等的总称，属于自律范围，它通过公约、守则等对职业生活中的某些方面加以规范。

职业道德既是本行业人员在职业活动中的行为规范，又是行业对社会所负的道德责任和义务。职业道德的涵义包括以下八个方面：

①职业道德是一种职业规范，受社会普遍的认可。

②职业道德是长期以来自然形成的。

③职业道德没有确定形式，通常体现为观念、习惯、信念等。

④职业道德依靠文化、内心信念和习惯，通过员工的自律实现。

⑤职业道德大多没有实质的约束力和强制力。

⑥职业道德的主要内容是对员工义务的要求。

⑦职业道德标准多元化，代表了不同企业可能具有不同的价值观。

⑧职业道德承载着企业文化和凝聚力，影响深远。

（三）职业道德的标准条件

良好的职业修养是每一个员工必备的素质，良好的职业道德是每一个员工都必须具备的基本品质，这两点是企业对员工最基本的规范和要求，同时也是每个员工担负起自己的工作责任必备的素质。那么，怎样才是具备了良好的职业修养和职业道德呢？

每个人平时都有习惯，但不一定是职业习惯，更不一定是符合要求的职业习惯。那么，哪些才是符合要求的职业习惯呢？

第一，提前到达公司。每天不是卡点到达，而是要提前到公司，这样就可以在上班之前准备好完成工作必需的工作条件，调整好需要的心理准备和工作状态，保证准时开始一天的工作，才叫不迟到。

第二，搞好清洁卫生。卫生是最能彰显素质的一个方面。做好清洁卫生，可以保证一天整洁有序的工作环境，同时也利于保持良好的工作心情和工作状态。

第三，列好工作计划。提前将工作做好计划，这样利于有条不紊地开展每天、每周、每季度、每年的工作，并且能随着工作内容和工作环境不断进行调整和改进，自然也有利于保证工作的质量。

第四，做好开会记录。好记性不如烂笔头，及时将领导的安排、客户的建议、会议内容和要求记录并整理下来，这样不仅有助于准确地记载各种有用的信息，帮助日常工作顺利开展，也能提高自己的协调和处理事情的能力。

第五，遵守工作纪律。国有国法，家有家规。每个公司都有各自的规章制度和工作纪律。工作纪律是为了保证正常工作秩序、维持必须工作环境而制定的，不仅有利于工作效率的提升，也有利于工作能力的提高。进入工作岗位后，不能再是学生心态，而是一个员工的状态，学习好、遵守好工作纪律是基本的要求。

第六，做好工作总结。工作是总结出来的，这句话还是有一定道理的。工作虽然强调的是作，但更重要的是及时总结每天、每周等阶段性工作中的得与失，可以及时调整自己的工作习惯，总结工作经验，不断完善工作技能，提升自己。

第七，向上级汇报工作。及时向上级领导请示汇报工作，不仅有利于工作任务的完成，让其了解工作的进展情况和问题、困难，便于进一步地解决，更可以在上级的指示中学习到更多工作经验、技能和处理问题的方法，让自己得到提升。

职业习惯是一个职场人士根据工作需要，为了很好地完成工作任务主动或被动地在工作过程中养成的工作习惯，也是保证工作任务和工作质量必须具备的品质。良好的职业习惯，是出色地完成工作任务的必要前提，如果不具备良好的职业习惯就不能按照要求完成自己的工作。所以每一个人都需要一个良好的职业习惯。

（四）职业道德的主要内容

对于大部分企业来说，能力一般，工作敷衍的人是公司裁员的首选对象；能力一般，爱岗敬业的人是公司的可造之材，能力可以通过培训提高，使其成为可用之才；能力很强，工作敷衍的人是公司的人才，却无法承担责任，企业很难用他；而能力很强，爱岗敬业的则是公司最喜欢的人。可见，对于职场来说，爱岗敬业是一个人十分重要的职业道德。那么，怎样才算得上是爱岗敬业呢？下面来听听几个员工的回答：员工A觉得不迟到早退，按时上下班，就是爱岗敬业；员工B觉得爱岗敬业就是每天完成老板布置的工作任务；员工C觉得工作做出了成绩就是爱岗敬业。这些都是对爱岗敬业的狭隘的理解，爱岗敬业并不仅仅指完成本职工作或者是做出了成绩，它具体体现在乐业、敬业和精业三个方面，也就是爱上你的工作，认真对待工作和把工作做到位。很多人都希望可以找到自己理想的工作，但现实总是和理想冲突着。很多时候，我们工作中总是有诸多的不如意，工作内容不喜欢，同事关系冷淡，薪酬待遇不理想，工作太忙，这样那样的问题总是让人意志消沉，工作无激情。然而消极的工作状态并不会让这些恶劣的状况缓解，反而可能愈演愈烈，导致问题越来越多。因此，在工作中，应该保持一颗乐业的心。乐业就是热爱自己的岗位，热爱自己的工作，遇到问题乐观地思考，积极地去解决，这样才能让事情往好的方向发展，把工作变成一种乐趣。乐业和敬业是紧密联系在一起的，不乐业的人，很难做到敬业，而不敬业的人，很难说是真正的乐业。

敬业是指在工作中恪尽职守、勤奋努力、享受工作和精益求精。随着现代社会的发展，社会分工也越来越细，企业对岗位的要求也越来越高。因此，我们不仅要敬业，更要精业，精业要求我们不满足已有的成绩，对自己要高标准、严要求，不断地学习，把自己培养成行家能手，这样我们才能从尽职尽责跨越到尽善尽美，才能从优秀跨越到卓越，让自己成为现代企业中一个强有力的竞争者。

《中共中央关于加强社会主义精神文明建设若干问题的决议》规定了我们今天各行各业都应共同遵守的职业道德的五项基本规范，即“爱岗敬业、诚实守信、办事公道、服务群众、奉献社会”。其中，为人民服务是社会主义职业道德的核心规范，它是贯穿于全社会共同的职业道德之中的基本精神。社会主义职业道德的基本原则是集体主义。因为集体主义贯穿于社会主义职业道德规范的始终，是正确处理国家、集体、个人关系的最根本的准则，也是衡量个人职业行为和职业品质的基本准则，是社会主义社会的客观要求，是社会主义职业活动获得成功的保证。

1. 爱岗敬业

爱岗敬业是社会主义职业道德最基本、最起码、最普通的要求。爱岗敬业作为最基本的职业道德规范，是对人们工作态度的一种普遍要求。爱岗就是热爱自己的工作岗位，热爱本职工作，敬业就是要用一种恭敬严肃的态度对待自己的工作。它要求我们既要热爱自己的工作岗位，热爱本职工作，又要用恭敬严肃的态度对待自己的工作，勤奋努力，精益求精，尽责尽职。

2. 诚实守信

诚实守信是做人的基本准则，也是社会道德和职业道德的一个基本规范。诚实就是表里如一，说老实话，办老实事，做老实人。守信就是信守诺言，讲信誉，重信用，忠实履行自己承担的义务。诚实守信是各行各业的行为准则，也是做人做事的基本准则，是社会主义最基本的道德规范之一。它要求我们在工作中做到实事求是，光明磊落，要信守承诺，一诺千金，如果我们给人们的第一印象就是一个不诚实的人，骗子或滑头，那么以后就很难在这个社会上立足了，因此对于职场新人来说，诚实守信显得尤为重要。

3. 办事公道

办事公道是指对于人和事的一种态度，也是千百年来人们所称道的职业道德。它要求人们待人处事要公正、公平。爱岗敬业，诚实守信是对从业人员职业行为的起码要求，而办事公道则要求较高。办事公道是指在待人处事时，要站在公平公正的立场上，秉公处理，不徇私情。办事公道是对每一个从业者的要求，而不仅仅针对手中有一定权力的特殊职业，医生或护士给陌生病人与熟人看病要同样热情，不能厚此薄彼。一个服务岗位的从业者，对普通百姓与上司领导要持一样的态度，微笑服务。

4. 服务群众

服务群众就是为人民群众服务，是社会全体从业者通过互相服务，促进社会发展、实现共同幸福。服务群众是一种现实的生活方式，也是职业道德要求的一个基本内容。服务群众是社会主义职业道德的核心，它是贯穿于社会共同的职业道德之中的基本精神。服务群众作为职业道德基本规范，也是对所有从业者的要求，一个普通的从业者，作为群众的一员，既是别人服务的对象，又是为别人服务的主体。每个人都有权利享受他人的职业服务，也都承担着为他人服务的职责，这种服务与被服务的关系是双向的，是一种我为人人，人人为我的关系。

5. 奉献社会

与爱岗敬业、诚实守信、办事公道和服务群众这四项规范相比，奉献社会是职业道德中的最高境界。奉献社会就是积极自觉地为社会做贡献。这是社会主义职业道德的本质特征。奉献社会自始至终体现在爱岗敬业、诚实守信、办事公道和服务群众的各种要求之中。奉献社会体现在职业活动中，就是全心全意为人民服务，为社会服务，为他人服务，不计较名利，不图回报，不计较个人得失。一个人无论从事什么职业的工作，不论在什么职业岗位，都可以做到奉献社会。奉献社会并不意味着不要个人的正当利益，不要个人的幸福。恰恰相反，一个自觉奉献社会的人，才真正找到了个人幸福的支撑点。奉献和个人利益是辩证统一的。

（五）职业道德的基本要求

概括而言，职业道德基本要求主要应包括以下几方面的内容：忠于职守，乐于奉献；实事求是，不弄虚作假；依法行事，严守秘密；公正透明，服务社会。

1. 忠于职守，乐于奉献

尊职敬业，是从业人员应该具备的一种崇高精神，是做到求真务实、优质服务、勤奋奉献的前提和基础。作为企业从业人员，首先要安心工作、热爱工作，把自己远大的理想和追求落到工作实处，在平凡的工作岗位上做出非凡的贡献。从业人员有了尊职敬业的精神，就能在实际工作中积极进取，忘我工作，把好工作质量关。对工作认真负责和核实，把工作中所得出的成果，作为自己的天职和莫大的荣幸；同时认真分析工作中的不足，并积累经验。

敬业奉献是从业人员的职业道德的内在要求。随着市场经济的发展，对从业人员的职业观念、态度、技能、纪律和作风都提出了新的更高的要求。广大从业人员要有高度的责任感和使命，热爱工作，献身事业，树立崇高的职业荣誉感。要克服任务繁重、条件艰苦、生活清苦等困难，勤勤恳恳，任劳任怨，甘于寂寞，乐于奉献。要适应新形势的变化，刻苦钻研。加强个人的道德修养，处理好个人、集体、国家三者关系，树立正确的世界观、人生观和价值观；把继承中华民族传统道德与弘扬时代精神结合起来，坚持解放思想、实事求是，与时俱进、勇于创新，淡泊名利、无私奉献，这样才能成为企业的人才和人生的赢家。

2. 实事求是，不弄虚作假

实事求是，不仅是思想路线和认识路线的问题，也是一个道德问题，而且是职业道德的核心。“实事”就是客观存在着的一切事物；“求”，就是深入实际，调查研究；“是”，就是客观事物的内部联系，即规律性。为此，我们必须办实事，求实效，坚决反对和制止工作上弄虚作假。这就需要有心底无私的职业良心和无私无畏的职业作风与职业态度。

对任何一个来说，必须有对国家、对人民高度的负责的精神，把实事求是作为履行责任和义务的最基本的道德要求，坚持不唯书，不唯上，只唯实。要特别注意调查研究，经过去芜存精，去伪存真，由表及里，由此及彼的分析，按照事物本来面貌如实反映，有一说一，有二说二，有喜报喜，有忧报忧。

3. 依法行事，严守秘密

坚持依法行事和以德行事“两手抓”。一方面，要大力推进国家法治建设的有利时机，进一步加大执法力度，严厉打击各种违法乱纪的现象，依靠法律的强制力量消除违法行为滋生的土壤；另一方面，要通过劝导和教育，启迪人们的良知，提高人们的道德自觉性，把职业道德渗透到工作的各个环节，融于工作的全过程，增强人们以德行事的意识，从根本上消除不良现象。

4. 公正透明，服务社会

“金杯银杯不如群众的口碑”，优质服务是群众好的口碑的基础，是职业道德所追求的最终目标，也是职业生命力的延伸和职业生涯高度的升华。

（六）职业道德的特点

1. 职业道德具有一定的局限性

每种职业都担负着一种特定的职业责任和职业义务。由于各种职业的职业责任和义务不同，从而形成各自特定的职业道德的具体规范，具有一定的局限性。比如服务行业要求“服务有温度”“顾客的满意是服务的宗旨”。但是在机关行政部门却需要严守法律法规底线，不能越线服务。

2. 职业道德具有发展的历史继承性

由于职业具有不断发展和世代延续的特征，不仅其技术世代延续，其管理员工的方式方法、与服务对象打交道的方法，也有一定历史继承性。如“有教无类”“学而不厌，诲人不倦”，从古至今始终是教师的职业道德。

3. 职业道德表达形式多种多样

由于各种职业道德的要求都较为具体、细致，各行各业的表达形式多种多样。

4．职业道德兼有强烈的纪律性

纪律也是一种行为规范，但它是介于法律和道德之间的一种特殊的规范。它既要求人们能自觉遵守，又带有一定的强制性。就前者而言，它具有道德色彩；就后者而言，又带有一定的法律的色彩。就是说，一方面，遵守纪律是一种美德，另一方面，遵守纪律又带有强制性。例如，工人必须执行操作规程和安全规定；军人要有严明的纪律，等等。因此，职业道德有时会以制度、章程、条例的形式表达，让从业人员认识到职业道德又具有纪律的规范性。

（七）职业道德的作用

职业道德是社会道德体系的重要组成部分，它一方面具有社会道德的一般作用，另一方面又具有自身的特殊作用，具体表现在：

1．调节职业交往中从业人员内部以及从业人员与服务对象间的关系

职业道德的基本职能是调节职能。它一方面可以调节从业人员内部的关系，即运用职业道德规范约束职业内部人员的行为，促进职业内部人员的团结与合作。如职业道德规范要求各行各业的从业人员，都要团结、互助、爱岗、敬业、齐心协力地为发展本行业、本职业服务；另一方面，职业道德又可以调节从业人员和服务对象之间的关系。如职业道德规定了餐厅的厨师和服务员要怎样对用餐顾客负责；营销人员怎样对顾客负责；医生怎样对病人负责；教师怎样对学生负责；等等。

2．有助于维护和提高本行业的信誉

一个企业、一个行业的形象、信用和声誉，是指企业及其产品与服务在社会公众中受信任的程度，提高企业的信誉主要靠产品的质量和服务质量，而从业人员职业道德水平高是产品质量和服务质量的有效保证。若从业人员职业道德水平不高，很难生产出优质的产品和提供优质的服务。比如海尔的“真诚到永远”的服务理念奠定了海尔的品牌形象。

3．促进本行业的发展

企业、行业的发展依靠好的经济效益，而好的经济效益源于企业、行业高的员工素质。员工素质主要包含知识、能力、责任心三个方面，其中责任心是最重要的。而职业道德水平高的从业人员其责任心是极强的，因此，职业道德能促进本行业的发展。

4．有助于提高全社会的道德水平

职业道德是整个社会道德的主要内容。一方面，职业道德涉及每个从业者如何对待职业，如何对待工作，同时也是一个从业人员的生活态度、价值观念的表现；是一个人的道德意识，道德行为发展的成熟阶段，具有较强的稳定性和连续性。另一方面，职业道德也是一个职业集体，甚至一个行业全体人员的行为表现，如果每个行业，每个职业集体都具备优良的道德，对整个社会道德水平的提高肯定会发挥重要作用。

（八）职业道德的特征

1．具有职业性

职业道德的内容与职业实践活动紧密相连，反映着特定职业活动对从业人员行为的道德要求。每一种职业道德都只能规范本行业从业人员的职业行为，在特定的职业范围内发挥作用。

2. 具有实践性

职业行为过程，就是职业实践过程，只有在实践过程中，才能体现出职业道德的水准。职业道德的作用是调整职业关系，对从业人员职业活动的具体行为进行规范，解决现实生活中的具体道德冲突。

3. 具有继承性

在长期实践过程中形成的，会被作为经验和传统继承下来。即使在不同的社会经济发展阶段，同样一种职业因服务对象、服务手段、职业利益、职业责任和义务相对稳定，职业行为的道德要求的核心内容将被继承和发扬，从而形成了被不同社会发展阶段普遍认同的职业道德规范。

4. 具有多样性

不同的行业和不同的职业，有不同的职业道德标准。

（九）职业道德与一般社会道德

任何社会的职业道德总要受到该社会占统治地位的一般社会道德的影响和制约，它们之间在一定意义上是共性与个性的关系。资本主义社会的职业道德，尤其是资产阶级直接操纵和参与的那些职业的道德，受资产阶级利己主义道德原则的影响和制约最直接、最严重，它们是资产阶级一般道德原则的体现和具体补充。社会主义的职业道德则受共产主义道德原则的指导，同时又是共产主义道德原则和规范在各行各业的具体体现和补充。职业道德较之一般社会道德，具有以下特点：

第一，职业道德是在历史上形成的、特定的职业环境中产生和发展起来的，它常常形成世代相袭的职业传统和比较稳定的职业心理和习惯，因此具有较强的稳定性和连续性。

第二，职业道德反映着特定的职业关系，具有特定职业的业务特征，因而它的作用范围仅仅局限于特定的职业活动中，只对从事特定职业的人们具有约束力。

第三，职业道德通常以规章制度、工作守则、服务公约、劳动规程、行为须知等形式表现出来。在阶级社会中，一般社会道德总是一定阶级的道德。作为意识形态的特殊形式的职业道德，总是一定社会的经济关系的反映，并体现一定阶级的要求和愿望，为一定阶级的利益服务。这是因为阶级社会中的职业最终都与一定阶级的实践活动相联系，并受本阶级的道德原则所制约。不同阶级的人们必然会把本阶级的观点和情感带进自己的职业生活中，形成不同的职业观和职业道德。剥削阶级总是把一些职业看作是“高贵”的，把另一些职业看作是“卑贱”的。那些所谓高贵职业的职业道德，往往更直接体现剥削阶级的利益和剥削阶级道德原则的精神，而劳动人民从事的那些所谓卑贱职业的职业道德，往往具有反抗剥削阶级的要求，同剥削阶级的道德原则相对立。但由于不同职业与统治阶级联系的远近、疏密程度不同，因而不同的职业道德受统治阶级道德影响的程度也不一样。不过，即使是医疗、体育、科学研究等这些并非直接隶属于统治阶级的职业的职业道德，也因其从业人员的职业活动不能摆脱该社会经济、政治制度和统治阶级道德原则的制约和影响，所以也具有一定的阶级性。

【延伸阅读】

课间诚信游戏——口是心非

两个同学为一组，一个同学提问，问的问题只有两个答案：是与否。另一个同学作答。答的时候，用动作，摇头或点头表示真实的答案，而嘴里说的，却是错误的答案。

总结：口是心非，真是一件很辛苦的事，精神要十分集中，要承受很大的心理压力，长期下去，可能会引发一系列的心理问题。为人坦荡，做人要心口如一。

第三节　烹饪职业道德概述

一、烹饪职业道德概念

（一）什么是烹饪

烹饪是人类学会保存火种并用火熟食的文化创造。用火熟食，是人同普通动物分界的标志之一。中国烹饪是中国人为自身的生存、发展所需的、独具特色的文化创造。这种文化创造活动，包括物质和精神两个方面。“烹饪”一词最早出现于《周易》。此书系儒家经典，又称《易经》（图1-4）。《周易》通过八卦形式，推测自然和社会的变化（图1-5）。其“鼎”卦说：“以木巽火，亨（同烹）饪也。”木指燃料，巽指风。此话的意思是：在鼎下的燃料随风起火燃烧，散发火力，使鼎内物料发生变化，使生食变为熟食。现在的工具书上的解释是

图1-4 《易经》

图1-5　易经·八卦

"煮熟食物"(《辞源》),"烹调食物"(《辞海》),"做饭做菜"(《现代汉语词典》)。"烹调"是与"烹饪"大体近似的词语,语言工具书释其词义为"烹炒调制"(《词源》),"烹调调制(菜肴)"(《现代汉语词典》)。烹饪专业工具书则释为"制作菜肴、食品的技术"(《中国烹饪词典》)。随着生产和加工食物的方式的变化,烹饪的社会性日益增强,人们对饮食营养保健和审美要求的日益提高,经过几千年的变化,现代的烹饪概念也反映出这种变化,而不能停留在古代的"以木巽火,烹饪也"的阶段了。当今的烹饪概念是:人类为了满足生理和心理需要,把可食原料用适当方法加工成为食用成品的活动,其成品以能提供营养、卫生、美感为基本要求。烹饪水平是人类文明的标志之一。

【延伸阅读】

《烹饪赋》(作者:苍山牧云)

煎烹食德,各有风味;荤素大义,俱称经典。天地之美,得益山川日月之馈赠;食色之欲,取于杯觥箸影之交辉。三餐延香火于百代,一宵觞食话以千秋。论食说吃之道,宏微俱致;饮性食趣之理,无有不精。或采集之蔬,或渔猎之兽,或畜牧之美,或农耕之粮,或海洋之精,皆可下锅一烩,甄别风采。

夫架石垒灶为炉,煮海烹天以飨。食材取地利之便,技艺修灵巧之功,火候得三味之意,烹制承人文之华。或肉食为主,素食补之,化时蔬为美味,收于五脏之内。或海食为尚,陆食辅之,烹掌故为今典,显于胃目之中。鱼酒之鲜,南服猛火攻粥;乘快味之美,北客温炉调面。足证南粥北面之风姿,各得沧海之一勺耳。膳食里手,非有画活写透之力;煮炖行家,非有刻雕细描之术;不可得其妙味也。

炒爆焖焗,衔名珍馐之谓,引上仙回顾;腌渍浸泡,夺誉味蕾之酥,饶高士流涎。操刀大匠,妙取宫廷之巧工;神厨功夫,智汇家常之狂想。一锅荟萃,分外有心,虽隔河背山之遥而其味异也。或有云,味先之酿,必有秘籍,然过秘之法常有失传之忧。故其技愈俗,而其味愈久也。

(二)什么是烹饪职业

随着社会生产力的不断发展,社会分工越来越细。职业是参与社会分工,利用专门的知识和技能,为社会创造物质财富和精神财富,获取合理报酬,作为物质生活来源,并满足精神需求的工作。烹饪职业是以烹制菜点为主要工作内容的职业。人们往往将从事烹饪职业的人尊称为厨师。厨师这一职业出现很早,大约在奴隶社会,就已经有了专职厨师。随着社会物质文明程度的不断提高,厨师职业也不断发展,专职厨师队伍不断扩大。中国素以烹饪王国著称,厨师从业人数首屈一指。现代社会中,多数厨师就职于公开服务的饭馆、饭店等场所。厨师一般需要先在烹饪学校学习并通过考试,以保证具备足够的业务标准和食品安全知识。我国厨师队伍庞大,在我国产业工人中占了相当大的比重。

【延伸阅读】

厨师帽的由来

世界各国的厨师，工作时穿的工作服可能不一致。但戴的帽子是一致的，都是白色的高帽，戴上这种帽子操作，有利于卫生，可避免厨师的头发、头屑掉进菜中。不过最先戴上这种帽子的厨师倒不是从卫生着眼，而是作为一种标志（图1-6）。

图1-6 厨师帽

希腊的中世纪，动乱频繁。每遇战争，城里的希腊人就逃入修道院避难，有一次，几个著名的厨师逃入修道院，他们为安全起见，打扮得像修道士一样，黑衣黑帽。他们与修道院的修道士相处得很好，每天都拿出他们的手艺来为修道士做菜。日子一长，他们觉得应该把自己与修道士在服饰上区别开来，于是就把修道士戴的黑色高帽改为白色。因为他们是厨师，所以其他修道院的厨师也竞相仿效。到今天，几乎全世界的厨师都戴上了这种帽子。

中国厨师节的由来

中国厨师节最初是由济南、杭州、上海、天津、重庆、福州、广州、合肥、南昌、长沙、成都、西安全国十二大城市的民间组织自发举办的，其目的是想通过厨师节的举办，进一步弘扬中华饮食文化，加强全国各地餐饮业的技术交流，营造尊重厨师、崇尚创新的良好气氛，鼓励厨师为我国餐饮业的发展不断努力奋斗。首届厨师联谊节于1991年10月在济南举办，最初定名为“全国十二城市厨师联谊节”，这个名称一直沿用到1998年在上海举办的厨师节。1999年，从第九届开始更名为“中国厨师节”。2000年，第十届中国厨师节的规模和档次得到了进一步的发展。

“中国厨师节”是国家商务部支持的重点展会之一。作为行业例会，已成为我国餐饮行业中最具规模和影响力的品牌活动。对加强行业交流，推动行业发展，弘扬中华饮食文化发挥了重要作用。

一年一度的“中国厨师节”已成为中国业内人士的盛大节日。2008年10月17日至20日，第十八届“中国厨师节”在北京隆重举行，全国各省市的代表团及名厨数千人相聚北京，还有来自美国、日本、澳大利亚、德国、韩国等世界二十多个国家和地区的海外同仁，切磋技艺，交流经验，极大地推动了中国餐饮业的繁荣发展，同时也确立了中国餐饮第一展的权威地位，被誉为中国“厨师峰会”和“餐饮行业的广交会”。

（三）什么是烹饪职业道德

烹饪职业道德是指厨师在从事烹饪工作时所要遵循的行为规范和必需的品质。面对新时代中国烹饪发展的新形势，需要广泛提高厨师队伍的职业道德水平。

“学厨先学德”，作为一名厨师，没有良好的职业道德，技术再高，也不能算是一个合格的厨师。学习烹饪一定要先把职业道德学好，再把技术学好。职业道德学不好，时刻有被炒鱿鱼的可能。在学习技艺之前，首先把职业道德学好，以技服人，以德服人，无论走到哪里都要留下好的名声。

二、烹饪职业道德教育的重要性

“民以食为天，食以安为先”。食品是人类赖以生存和发展的最基本的物质条件。随着社会的不断发展和进步，食品安全与卫生备受人们的关注。“三鹿奶粉”“注水肉”“瘦肉精”“地沟油”等食品安全问题曾是广大消费者议论的焦点。同时，餐饮业中的部分经营者唯利是图，在经营中不择手段，想方设法地蒙骗消费者，谋取不正当利益，引起消费者的不满……这些都体现了部分食品餐饮从业人员“德”的丧失。烹饪专业作为为社会餐饮业培养专业人才的基地，毕业生将来从事的工作都与人民群众的“食”紧密相连，因此重视和加强烹饪职业道德教育是非常重要的。

三、加强烹饪专业学生职业道德教育的途径

1. 在注重培养学习技能的同时提升文化素质

现代餐饮企业需要的厨师不但要掌握职业技能，还要有一定的文化视野，只有具备这两方面才能有职业道德。主要表现在以下两个方面：第一，熟知与烹饪相关的各类知识，能够知晓各个地方的饮食文化，地方民俗以及与食物相关的知识，例如历史渊源、养生保健、食物卫生等。具备了这些文化知识，能够在日常的工作中表现出较高的文化素养。第二，要具备正确的人生观、世界观和价值观，只有这样自己才是一个有生命的个体，才懂得享受生活，了解生活。能够提高生活品质的方式除了了解人文知识，还要知晓艺术和运动。只有有了丰富的文化修养和人生阅历，才能具备良好的职业道德“技能”。

2. 将职业道德教育与本专业的特点结合起来

对于不同专业的学生，职业道德教育应该有不同的具体要求。烹饪专业的学生有烹饪专业职业道德的具体内容，一定要取材于真实案例，使学生明确自己在未来的工作需要遵守的具体规则。

3. 应充分利用烹饪专业实训教学的实践，把本专业的职业道德教育贯穿于实训课教学的始终

要教育学生学一行爱一行，培养学生的爱岗敬业精神。要使学生懂得食品安全卫生知识，严把食品质量关，杜绝不合格食品流入实训间。在实训教学中要求学生从个人行为习惯和个人卫生做起。对于实训室的清洁卫生、餐具的消毒、原材料的进货、原材料的贮藏、果蔬残留农药的处理、动物的检验检疫等都要按餐饮业的要求进行。

4. 加强实训实习，将烹饪专业职业道德教育融入学生将来的工作中

在烹饪专业职业道德教育中，采取“请进来，走出去”的方式进行。一方面，在教学中聘请实习基地的管理人员或是酒店行政总厨等专业人员到学校给学生进行专题授课或者是专题讲座，介绍目前餐饮业中存在的不道德现象，讲述本行业从业人员职业道德规范和具体要求；另一方面，可组织学生到实习酒店或饭店去请管理人员逐一讲解行业内各个环节对从业人员在职业道德方面的具体要求，使学生在实际中领悟到本行业的职业道德对企业的形象、生存和发展的重要性。

5. 注重创新素质的培养

烹饪职业道德创新意识的培养主要体现在两方面：一是在烹饪的过程中，不是一味地听课，而是让自己学会自我管理、自我评价、思考和探究，能够在不断的钻研过程中超越自己；二是具有批判意识，在一些教师和权威的教材面前有自己独到的见解，并能够运用到自己的实际工作之中。只有不断地从原材料、工具、技艺等各个方面进行创新才能提高自己的创新素质，进而提升自己的职业道德。

6. 要培养稳定的心理素质

社会在不断地进步与发展，这个世界也越来越多元化，餐饮行业的竞争也将会愈演愈烈，餐饮市场对于人才的要求也必将越高。烹饪行业具有一定的不稳定性，这就给厨师带来了一定的压力，进而发展成为心理问题。加之社会上的人也变得比较容易浮躁，容易受到各个方面的干扰，影响了自身稳定的心理素质。这就要求在进行烹饪职业道德的培养过程中，学生能够提高心理受挫能力，那么将来在面对刁难、误解等复杂情况下，能够勇于面对，敢于挑战。

四、烹饪职业道德的基本原则

烹饪职业工作者的职业道德内容有许多，不同职位、不同岗位、不同个体也有其不同的特点。但烹饪职业道德的基本原则，是有其共同特征的。厨师的道德规范，它不是具体的行为规范，而是进行职业活动的总指导思想。烹饪工作中不敬业、不钻研技术、出工不出力、操作不认真、不爱学习、晚来早走、工作服不洁净、操作台卫生差等现象，这些都是与职业道德相违背的，要提高厨师的素质和道德，就必须加强职业道德教育，培养烹饪工作者的良好习惯，做到三个方面加强：第一方面是加强集体主义的原则，就是在职业活动中一切从整体利益出发，一切从全局的利益出发，强化团队整体形象；第二方面是加强为人民服务、为人民奉献的原则，全心全意为人民服务既是提高道德境界，也是应当确定的道德理想和道德目标；第三方面是加强主人翁的劳动态度，每个人都是企业的主人，要以主人翁的态度对待自己从事的职业。

五、烹饪职业道德的基本规范

一是热爱本职，勤奋敬业（基础）；二是刻苦钻研，精益求精（要求）；三是文明礼貌，平等待客（素质）；四是团结互助，以诚待人（品质）；五是忠于职守，认真务实（职责）；六是执行政策，遵守法纪（法纪观念）。

六、烹饪职业道德的修养

烹饪职业道德的修养是指烹饪工作者在职业工作中的修炼和素养，这种修炼和素养是在职业学习和职业工作中逐渐形成的。作为一名烹饪工作者应从以下几个方面提高自己的道德修养：一是立志，树雄心立壮志，干好本职工作，做行业优秀工作者。二是学习，学习是无止境的，学习对年青烹饪工作者提高职业道德修养和成长是十分重要的。俗话说“有文化才有修养”，知识渊博，人们就愿意和你交流，和你交朋友。要加强与烹饪专业相关知识的学习，如中医保健学、营养学、食品安全学等；还要加大对科技知识的学习；另外，还要多学习他人的先进经验和制作方法，现在国家、省市级的大赛增多，南北各种菜系的交流广泛深入，封闭在家研究是不行的，应走出去增长见识和专业知识。三是经常对自己在工作中所做的一切进行反省。有了成绩或有了“大师”称号，不能沾沾自喜、高傲自大，应该结合实际，反省自己的言行，去伪存真，用社会主义职业道德和餐饮业职业道德原则和规范，经常反思自己的行为。

七、烹饪职业道德的社会功能

烹饪职业道德是社会道德体系的重要组成部分，它一方面具有社会道德的一般作用，另一方面又具有自身的特殊作用，具体表现在以下三个方面。

1. 调节烹饪从业人员内部以及从业人员与顾客间的关系

烹饪职业道德一方面可以调节烹饪从业人员内部的关系，即运用烹饪职业道德规范约束职业内部人员的行为，如从后厨到前厅，要求各岗位、各工序之间要相互配合，都要团结、互助、爱岗、敬业才能服务好顾客，发展好烹饪服务业；另一方面，烹饪职业道德又可以调节烹饪从业人员和顾客之间的关系，如烹饪职业道德规定了餐厅的厨师和服务员要怎样对用餐顾客负责等。

2. 有助于维护和提高餐饮行业的信誉和发展

烹饪从业人员职业道德水平高是菜品质量和服务质量的有效保证。只有菜品的质量和服务质量得到保证，顾客才能放心地光顾和消费，从而口口相传，进而提高餐饮业的整体信誉和经济效益，这是一个良性循环。

3. 有助于提高全社会的道德水平

烹饪职业道德是整个社会道德的重要部分。烹饪职业道德一方面涉及每个烹饪从业者如何对待职业，如何对待工作，同时也是一个烹饪从业人员的生活态度、价值观念的表现。仓廪实而知礼节，烹饪职业道德是整个社会发展到一定阶段，物质丰富到一定程度的体现，是人的道德意识，道德行为发展的更高一级阶段。另一方面，烹饪职业道德也是餐饮行业全体人员的行为表现，整个行业的从业者都具备了优良的职业道德，对整个社会道德水平的提高肯定会发挥重要作用。

第四节 烹饪职业生涯规划

一、职业生涯规划概念及起源

职业生涯规划是指针对个人职业选择的主观和客观因素进行分析和测定，确定个人的奋斗目标并努力实现这一目标的过程。换句话说，职业生涯规划要求根据自身的兴趣、特点，将自己定位在一个最能发挥自己长处的位置，选择最适合自己能力的事业。职业定位是决定职业生涯成败的最关键的一步，同时也是职业生涯规划的起点。

职业生涯规划最早起源于1908年的美国。有“职业指导之父”之称的弗兰克·帕森斯（Frank Parsons）针对大量年轻人失业的情况，成立了世界上第一个职业咨询机构——波士顿地方就业局，首次提出了“职业咨询”的概念。从此，职业指导开始系统化。到20世纪五六十年代，舒伯等人提出“生涯”的概念，于是生涯规划不再局限于职业指导的层面。

二、职业生涯规划的方法

常被采用的一种方法就是有关5个“W”的思考的模式。从问自己是谁开始，然后顺着问下去，共有5个问题：

第一个问题“我是谁?”这是对自己进行一次深刻的反思，有一个比较清醒的认识，优点和缺点，都应该一一列出来。

第二个问题“我想干什么?”这是对自己职业发展的一个心理趋向的检查。每个人在不同阶段的兴趣和目标并不完全一致，有时甚至是完全对立的。但随着年龄和经历的增长而逐渐固定，并最终锁定自己的终身理想。

第三个问题“我能干什么?”这是对自己能力与潜力的全面总结，一个人职业的定位最根本的还要归结于他的能力，而他职业发展空间的大小则取决于自己的潜力。对于一个人潜力的了解应该从几个方面着手去认识，如对事的兴趣、做事的韧性、临事的判断力以及知识结构是否全面、是否及时更新等。

第四个问题“环境支持或允许我干什么?”环境支持在客观方面包括经济发展、人事政策、企业制度、职业空间等；主观方面包括同事关系、亲戚关系等，两方面的因素应该综合起来分析。

第五个问题“自己最终的职业目标是什么”明晰了前面四个问题，那么自然就有了一个清楚明了的框架。最后，将自我职业生涯计划列出来，建立形成个人发展计划书，通过系统的学习、培训，实现就业理想目标：选择一个什么样的单位，预测自我在单位内的职务提升步骤，个人如何从低到高逐级而上。

三、职业生涯规划的基本分类

职业生涯规划的期限一般划分为短期规划、中期规划和长期规划。

短期规划为三年以内的规划，主要是确定目标，规划完成的任务。

中期规划一般为三至五年，在短期目标的基础上设计中期目标。

长期规划其规划时间是五至十年，主要设定长远目标。

四、烹饪职业生涯规划

每一位厨师都想获得成功，在厨师界有所作为，但并不是每一个厨师都能取得成功。那怎样才能发展和进步呢?答案就是做一名有职业规划的厨师，成功的概率要大很多。

（一）编织梦想，准确定位

这是一个自我认知、自我分析的过程。作为一名烹饪专业的学生，更应该有自己的职业梦想。首先，为自主创业作准备，通过打工不断地进行自我积累；其次，在就业中成就一番事业；最后，通过自主创业走向人生辉煌。由此可知近期目标是成为一名合格的厨师，中期目标是成为一名餐饮部经理兼高级技师的高级主管人员，远景目标是做一名成功的餐饮企业的老板。

（二）自我评价，坚定信心

一名优秀的餐饮管理人员必须具备：①丰富的专业知识和技能；②终身学习的理念；③良好的个人魅力；④吃苦耐劳的精神；⑤社会交往能力和合作能力。分析自身是否具备了当一名厨师的基本素质。如果没有完全具备，就需要在日常的学习、实训和日后的打工生涯中不断磨炼自己、充实自己。

（三）规划现在，展望未来

1. 准备阶段：在校学习期间打好专业基础（16～20岁）

16～20岁以学习为主，圆满完成五年的学习生涯，通过系统学习，掌握烹饪知识，了解各种烹饪原料的性质、产地、鉴别保管及加工，熟练掌握各种烹调技法，了解专业理论知识；同时多练习刀工、食品雕刻、装盘等技巧，积极参加省市区技能大赛，通过比赛提高自己的专业技能。

利用实习的机会进一步了解厨房的工作流程，更加熟练地运用各项技能，提高自己的烹饪技术；另外，还要培养吃苦耐劳的精神，为今后的工作和创业打下基础。在校期间，还要积极参加各项体育活动，强健体魄，因为好的身体素质同样也是必不可少的。毕业时取得中级烹调师的职业资格证书，为走上工作岗位后取得高级技能做准备，同时在完成大专学历的学习后，进行更高层次的学习，进一步拓展自己的视野，提高综合素质。

2．打工阶段：21～25岁

从一个最普通的员工做起，在后厨勤勤恳恳地工作和学习，踏踏实实地做好本职工作，进一步熟悉和掌握烹调技术，跟着师傅要勤学好问多思考、多做事、多练习，针对每一项工作都要做到细致认真，从师傅那里学到更多的知识、技法和经验。为今后从事的厨师工作打下更坚实的基础。在这期间，除了继续提高自己的烹饪技能外，还要展现自己的专业能力，赢得同事的认可。另外，在为人处世方面，要友善待人，多与同事沟通，与同事和睦相处。在此期间取得高级烹调师和本科学历。

3．创业阶段：26～35岁

十年磨一剑，通过十年的时间，在具备了良好的烹饪技术后和积累了一定的管理经验后，目标就要从厨师的工作岗位转移到管理岗位上。

首先竞聘主管岗位，在主管岗位上要尽心尽责，做好本职工作，同时要不断地增强管理能力、沟通协调能力和组织能力，在工作中展现实力，获得同事和领导的认可，为今后向更高层次管理岗位发展打下基础。在经历主管岗位的锤炼后，要竞聘餐饮部经理的岗位。这个岗位上要求工作上还要有创新，要逐渐形成自己的一套管理方式，这既是能力的展现，也为以后自主创业积累经验。

在这一阶段中，还要充分利用业余时间通过网络和参加培训班，学习营养知识、餐饮管理知识、厨政管理知识以及烹饪的一些新知识、新工艺。

4．自主创业阶段：36～50岁

积累了一定的创业资金、管理经验和人际关系以后，利用自身的条件，找准定位，打造一间有特色、有品位、有一定知名度的餐厅。

5．事业转型阶段：50岁以后

适当调整职业方向，总结经验，做一名餐饮技术顾问或者教育工作者，培养新一代的烹饪技术接班人。

人生思考：

结合职业生涯规划五问和上文中的烹饪职业生涯规划，请你认真思考并写出符合自己实际情况的职业生涯规划，短期、中期、长期皆可。

第二章 烹饪职业道德内容

第一节 烹饪职业道德的内容与要求

第二节 烹饪职业特征与选择

第一节 烹饪职业道德的内容与要求

烹饪是膳食艺术，而厨师就是这艺术的创造者、传承者。因此烹饪职业道德说的就是厨师的职业道德。陶行知先生说：“道德是做人的根本。根本一坏，即使你有一些学问和本领，也无甚用处。并且，没有道德的人，学问和本领愈大，就能为非作恶愈大。”所以，一个合格的职业厨师除了具有高超的厨艺和全面的烹饪理论知识之外，还必须具有良好的厨师职业道德。

一、厨师职业道德的概念及内涵

厨师职业道德，就是同人们的职业活动紧密联系的符合职业特点所要求的道德准则、道德情操与道德品质的总和。厨师职业道德不仅是从业人员在职业活动中的行为标准和要求，更重要的是本行业对社会所承担的道德责任和义务。

厨师职业道德的内涵主要有以下四点：一是在内容方面，厨师职业道德鲜明地表达厨师这个职业的义务、责任以及行为上的道德准则。厨师职业道德不是一般地反映社会道德和阶级道德的要求，而是主要反映厨师职业、行业以至产业特殊利益的要求；厨师职业道德不是在一般意义上的社会实践基础上形成的，而是在特定的厨师职业不断实践的基础上形成的，因而它往往表现为厨师职业特有的道德传统和道德习惯，也表现为从事厨师职业的人们所特有道德心理和道德品质。二是在表现形式方面，厨师职业道德往往比较具体、灵活、多样。厨师职业道德总是从烹饪交流活动的实际出发，采用公约、承诺、誓言、条例，以至标语等形式，这些灵活的形式既易于为从业人员所接受和实行，而且易于形成一种职业的道德习惯。三是从调节的范围来看，厨师职业道德一方面是用来调节从业人员内部关系，加强职业、行业内部人员的凝聚力；另一方面，它也是用来调节从业人员与其服务对象之间的关系，从而塑造厨师乃至整个餐饮行业的形象。四是从产生的效果来看，厨师职业道德与职业要求和职业生活相结合，形成比较稳定的职业心理和职业习惯。

二、厨师职业道德的要求

（一）热爱烹饪事业

热爱烹饪事业，是厨师职业道德的灵魂。厨师的责任感的强弱，是决定工作质量优劣的首要因素。中国素有“烹饪王国”的美誉，作为这个伟大王国中的一员，每一位厨师都应为自己从事的工作感到自豪，将自己的身心融化在烹饪事业当中，培养自己高尚的情操和优良品质，充分发挥自己的聪明才智，以主人翁的态度对待自己的工作。

（二）钻研业务，提高技能

钻研业务，提高技能，是厨师职业道德的核心。不断提高质量是厨师的应尽的职责，

“劳动者只有具备较高的科学文化水平，丰富的生产经验，先进的劳动技能，才能在现代化生产中发挥更大作用。”厨师的文化水平、专业素质，直接影响到烹饪事业的发展，能烹制出色、香、味、形俱全的菜品，但对饭店的合理烹调、营养价值等理论问题了解甚少，这就很大程度上阻碍了烹饪事业的整体发展。因此，厨师必须加强理论修养，主要途径有三个：一是学习专业知识，阅读一些烹饪方面的刊物，开阔视野。二是经常参加各种培训班，获取理论知识。三是理论联系实践，例如如何鉴别油温、合理配菜、灵活运用火候等。并在实践中不断提高自己的专业理论和技术水平。

（三）讲究卫生，保证健康

讲究卫生，保证人民健康，是厨师职业道德的具体体现，厨师必须持《健康证》上岗，严格遵守《中华人民共和国食品安全法》。要讲究个人卫生和食品卫生，个人卫生要做到勤洗手、勤剪指甲、勤洗澡、勤理发、勤换工作服。“病从口入”，坚决不加工变质原料、不加工不符合卫生标准的原料。工作时，工作服、工作帽必须穿戴整齐，不抽烟、不穿工作服到洗手间等，保证广大顾客就餐时不受疾病的传染、危害。

（四）遵纪守法，不弄虚作假

遵纪守法，不弄虚作假，是烹饪工作能够正常进行的基本保证，每位厨师都要自觉遵守，按国家有关规定办事，掌握好成本核算，配菜时要按不同品种准确投料，不能随意降低或提高标准，不能以次充好，变相损害顾客利益，要做到质价统一。

三、厨师职业道德内容

作为烹饪从业人员，首先必须熟悉和了解厨师职业道德的内容，才便于去对照执行。其主要内容有：遵纪守法、厨艺精湛、爱岗敬业、团结合作、诚实守信、办事公正、服务社会、奉献社会。

（一）遵纪守法、厨艺精湛

“国有国法、家有家规”，遵纪守法是一种人们公认的美德，而遵纪是守法的基础。随着人类社会的不断进步与发展，守法越来越受到人们的重视。我国法律法规也日趋完善，社会主义法治建设也越来越健全，只要留意不难发现我们身边无处不存在法律法规的气息。我国是一个社会主义法治国家，《中华人民共和国食品安全法》几经修订，作为以食品安全加工、制作营养美味菜点为己任的餐饮行业全体从业人员，更应该学法、懂法、守法（图2-1）。同时，遵纪守法是对公民社会公德、家庭美德、职业道德的基本要求，也是每一个公民的道德底线和立身处世之本。

图2-1 《中华人民共和国食品安全法》

厨艺是厨师立足的关键。要成为一名优秀的厨师必须拥有过硬技艺，不但要有自己最精湛的菜式，还需要精通其他菜式的烹饪技法，才能立足本职，开拓创新。如何才能拥有精湛的厨艺？一是学艺要从零做起。学艺是一个艰苦的、长期的过程。学海无边，厨师学艺要持之以恒、坚持不懈，不要半途而废或停滞不前，从最基本、最基础刀工开始做，一步一个脚印，要有一股永不知足的钻劲。特别是现在饮食消费日新月异，顾客消费的多样化，更加要求厨师立足传统，不断创新技艺、创新菜品。二是要有博大的胸怀。现在整个技能的大环境越来越好，国家越来越重视职业技能教育，烹饪的各级大赛随之越来越多，厨师可以通过各类大赛脱颖而出，成为首席技师、烹饪大师，甚至能享受国务院特殊津贴。厨师成名之后，要以发扬与继承优秀烹饪文化为己任，不能将自身的烹饪技艺视为个人财富，能把技艺毫无保留地传授给后来者。三是中国烹饪历史文化源远流长、博大精深，对每一位从从业者而言都是没有止境的。大赛上得了金奖，被行业内授予大师称号不是最终目的，练就厨艺必须持之以恒，做到胜不骄、败不馁，方能保持进步。

（二）爱岗敬业、团结合作

爱岗敬业是厨师职业道德的核心和基础。爱岗就是干一行爱一行，爱一行精一行，安心本职工作；热爱自己的岗位，只有热爱烹饪这一行，才可潜心做这一行，只有立足厨师本职，才会在工作中不断取得突破，获得喜悦，获得成功，赢得认可。一名厨师从学徒起要经历从切配菜、洗菜、厨房卫生清理、传菜等不同岗位的漫长磨炼，每一岗位的工作都是在为做好一名厨师打基础，每一岗位都是一个必经的锻炼过程，不怕脏、不怕累、不能急于求成，这是培养厨德的根本。敬业是爱岗意识的升华，是爱岗情感的表达。敬业通过对职业工作极端负责、对技术的精益求精表现出来，通过勤业、精业、乐业表现出来。勤业，要求每个从业人员在工作中，应该用一种恭敬认真的态度，勤奋努力，踏踏实实，不偷懒，不怠工。精业，要求对本职工作精益求精，熟练地掌握职业技能，勤奋努力，不断提高，不断地超越现有的成就。业务精，就能有所发明，有所创造。乐业，是喜欢自己的工作，能心情愉快，乐观向上地从事自己的职业工作。“三百六十行，行行出状元”，精通业务，就能成就自己的事业。

团结合作意味着团队精神，在烹饪行业表现为亲和同行，尊重前辈、尊敬师傅。人民饮食质量的提高，在于烹饪水平的提高，烹饪水平的提高，在于烹饪同行的共同努力，厨师之间相互研讨、相互帮助、相互勉励，才可推动整个烹饪行业的共同进步。同时，我们要认识到大部分菜品的原型都是烹饪前辈们创造留下来的，我们的技艺是前辈们经验的积累和传承，所以要尊重前辈，学习前辈，亲和同行。

（三）诚实守信、办事公正

诚实守信是中华民族的优良传统之一，也是厨师职业道德的重要内容，更是烹饪从业人员在社会中生存和发展的基石。因此要求厨师从业者在职业生活中应该慎待诺言、表里如一、言行一致、遵守职业规范。这表现在职业劳动中，就是从业者诚实劳动，有一份力出一份力，不怠工，不推诿，遵纪守法；表现在职业的业务活动中，就是严格履行合同契约，说到做到，不说谎，不自欺欺人，不弄虚作假，不偷工减料，不以次充好，重合同，守信用。

厨师在实际工作中，要以诚相见、不弄虚作假，不糊弄顾客，不以欺骗的手段获取经济利益。要做到货真价实、买卖公平，以获得良好的经济效益和社会效益。

办事公正是处理职业内外关系的重要行为准则。厨师从业人员在工作中，首先应自觉遵守规章制度、平等待人、秉公办事、清正廉洁，不允许违章犯纪、维护特权、滥用职权、损人利己、假公济私。首先，按规章制度办事是办事公正的具体体现：如表现在对待服务对象的态度上，不能有亲疏、贵贱之分，不论是领导还是群众、是熟人朋友还是陌生人、是富人还是贫民，都应一视同仁，周到服务。其次，按规章制度办事，还需要兼顾国家、集体、个人三者的利益。因为厨师职业社会职能和作用的发挥，不能不受到各方面职业关系的制约与协同，在这种情况下，应兼顾国家、集体、个人三者的利益，追求社会公正，维护社会公益。

（四）服务社会、奉献社会

服务社会，是满足人民群众要求，尊重人民群众利益。服务社会是厨师职业道德要求的最终归宿。任何职业都有其职业的服务对象，作为一项职业之所以存在，就是该职业的服务对象对这项职业有共同的要求。如：求医的病人是要求医生能治好他的病，购物的顾客是要求商人能卖给他所需要和称心的商品，而厨师的顾客就是要求能提供给他美味可口的佳肴和礼貌周到的服务。满足群众要求实际上就是服务了社会。

奉献社会是厨师职业道德的本质特征。因为每项职业的从业人员对各自职业应尽的职责，又是他们对社会所应尽的义务。同时，奉献社会并不意味着否定个人的正当利益。个人通过职业活动奉献社会，同时通过职业活动获得正当的收入，社会由此得到财富，真正体现了个人与社会的相依性。而只有那些树立了奉献社会的职业理想、在职业劳动中自觉、主动地奉献社会的劳动者，才能真正体会到奉献社会的乐趣，才能最大限度地实现自己的人生价值。

【延伸阅读】

享受国务院特殊津贴的厨师——刘雪峰

刘雪峰（图2-2）是山东省先进工作者，享受国务院特殊津贴专家（图2-3），中国烹饪大师，烟台市政协委员。获得过烟台市五一劳动奖章、山东省五一劳动奖

图2-2　刘雪峰大师

图2-3　国务院特殊津贴证书

章、烟台市有突出贡献的技师、烟台市首席技师、山东省技术能手（两次）、山东名厨、山东省有突出贡献的技师、山东省首席技师、齐鲁首席技师、中国十大鲁菜名厨、中国烹饪大师杰出勋章、山东省餐饮住宿行业改革开放40年功勋人物、改革开放40年中国餐饮业技艺传承突出贡献人物等荣誉称号。

其大师工作室为烟台市劳模创新工作室、齐鲁技能大师特色工作站、鲁商集团劳模（高技能人才）创新工作室、山东省示范性劳模与工匠人才创新工作室领军人才工作室。他创造的“三段九位教学法”，获“鲁商集团创新成果奖”；总结的“七化同心人才培养模式”，在全国技工院校得到广泛推广。

第二节　烹饪职业特征与选择

厨师这一职业出现很早，大约在奴隶社会，就已经有了专职厨师。厨师，是人类社会生活中不可缺少的职业之一。随着时代的发展和进步，人们对饮食的质量要求的提高，厨师的地位也发生了质的变化，从“小二、伙计、伙夫、厨子”的称谓提升为“厨师、大师”；经济收入也被列为我国11种高收入职业之一；我国加入WTO以后，国民经济快速发展，人们对饮食的观念也发生了重大变化，西方国家的饮食习俗也渗透和冲击了中式餐饮，加之餐饮企业的日益增多，竞争激烈，特别是“公司、超市+餐饮”的新型经营模式的兴起和发展，对厨师的个人能力和整体素质也提出了挑战，在这种背景下，如何以新的姿态面对新的挑战？

21世纪是一个崭新的时代，科技的飞速发展，经济的全球化已成为不可抵挡的潮流。中国经济也全方位地向世界敞开，国外的强势企业争相涌入中国，从而使中国的餐饮业面临着国外知名餐饮业的冲击和挑战。因此中国的餐饮业不仅需要大量的职业经理主管，而且需要大量精业务、懂管理、善经营、会理财、爱岗敬业的厨师，共同开发、创新、振兴、弘扬中国的餐饮文化，不断开拓，扩展中国餐饮业的规模和档次，扩大品牌知名度。

一、厨师的素质对餐饮业发展有着重要影响

几千年来，厨师的人员构成基本上都是子承父业或师傅带徒弟的形式，一代代沿袭至今。很多从业者都是从小就随师傅到饭馆里做事，经过几年或几十年的摸爬滚打，承袭着上辈师傅们的技术。但在文化知识、个人学识、专业修养、形象包装、艺术创造、营养保健等方面几无涉猎。再加上厨师行业历来形成的家族式、带派式、承包式、垄断式、排他式的人员任用机制，制约了行业整体全面健康发展。要想打破这种“瓶颈”，就要废除陈旧的厨师行业人员的诞生机制，建立科学的用人机制。要经常组织员工学文化、学知识、学技能、炼

修养，培养懂经营、善管理的综合性烹饪技术人才，弘扬中国美食文化，推动超市型餐饮行业的健康发展。

二、厨师的社会地位和作用

随着人们生活水平的不断提高，餐饮行业的蓬勃发展，厨师职业，得到了人民的尊重和重视，社会地位发生了翻天覆地的变化。今天的厨师中，有的当选为人大代表，有的享受国务院特殊津贴，有的成了总经理、部门负责人，有的成为劳动模范，有的还走上了高等学府的讲台。随着厨师社会地位的改变，厨师劳动的社会意义，也越来越被人们所理解、认识。

（一）厨师是人类物质文明和精神文明建设中不可缺少的一支重要力量

提到饮食则离不开厨师的劳动。随着社会物质文明的进步，紧张、快节奏的社会生活的到来，以家庭烧煮为主的饮食方式，要被公共餐厅、食堂以及流动快餐为主的方式所取代。这样，厨师的劳动将替千百万人解决生活上的后顾之忧，而使得人们将更多的精力投入工作、学习和娱乐生活中去，从而将大量的劳动力从忙于家庭烧煮的事务中解放出来。

（二）厨师是社会经济建设的促进者

厨师创造并制作美食，满足社会消费的需要，从而增强人的体质，促进人的健康，能够保证人们有更多的精力、更强的体魄投入到社会主义建设事业中去。同时，在为消费者提供优质服务的同时，又为饭店获得较高的经济效益。更重要的是，厨师在政治、经济、文化、外交活动中的中介作用是不可忽视的。在现代社会，人际交往都离不开餐饮活动。因此，从这个意义上讲，厨师的劳动已成为引导消费者，推动经济建设的强大动力之一。

（三）厨师是中国饮食文化的继承者和传播者

中国烹饪文化历史悠久、灿烂辉煌。中国文化中，烹饪和中医这两个是非常值得我们自豪的。中国优秀的饮食文明和烹饪技术，靠谁去继承并发扬光大？当然是要靠厨师。中华人民共和国成立以来，中国烹饪由传统的、单纯的技术，逐步进入科学、艺术的殿堂。这除了党和政府的重视之外，与广大厨师精心总结和辛勤劳动是分不开的。今天，一批批既具有精湛技艺，又具备烹饪科学知识、艺术理论的厨师已经成长起来。他们已经成为中国烹饪文化的优秀继承人。同时，随着我国改革开放的进行，大批中国厨师走出国门，迈向世界，将中国优秀的饮食文化传播到世界各地，并得到了举世称赞。因此，可以说，中国厨师在世界上已成为传播中国优秀文化的出色使者。

三、现代厨师应具备的基本素质

（一）要具备较高的技能素质

厨师是以制作符合卫生和饮食质量标准的食品，为客人提供饮食服务的专业技术人员。应具有熟练的、过硬的操作技能，厨房的任何一员都应具备本职岗位的操作技能和菜系的基本知识，比如，一种烹饪原材料放在你面前，厨师能够根据原料的性质特征，运用正确的烹调方法，制作出符合当地风味特色或自己独特创新意识的菜肴，色、香、味、器、口感能受到客人青睐，有回味无穷的感受。现在厨房分工明确，各工种都有严格的岗位质量标准，同时各工种之间又是紧密联系不可分割的，在熟练操作本工种技能的同时，必须要充分了解下一道工序的质量要求，灵活地进行制作。一个名厨必须是精通本菜系的烹调能手，并且旁通国内各主要菜系的烹调方法和技能。无论是烹调、火候、刀工、食雕、冷盘、小吃、点缀，都能得心应手，而且能指挥带动整个厨房内的各岗位厨师爱岗敬业地工作。对于菜式要不断地推陈出新，对于厨师的培养和能力提高要起到领头羊的作用。从而使本酒楼、餐厅的菜品独具风味特色，吸引更多更广的顾客。

（二）拥有博学多才的知识

随着人们对饮食质量的要求，给厨师带来的压力和挑战越来越大。厨师仅能做一手好菜已不能满足食客的需要。一道菜，不仅要知道制作方法，还要知道制作原理，要清楚菜肴原料在受热过程中的变化，了解菜肴的营养价值，把握好火候，能根据菜品和食客的要求准确烹调。这就要求我们厨师不仅要能够熟练地掌握和运用烹饪技能，同时还必须懂得营养学、原料学、烹饪理学、烹饪化学、烹饪美学、调味知识、饮食心理学等知识。烹饪是一门综合科学，厨师必须博学多才，见多识广，所谓厚积而薄发，方能赋予烹饪更多创造性的内涵和色彩。

（三）要有品行高尚的厨德修养

厨师的品行道德素质，即厨师在政治思想、道德品质方面具有水平和修养。作为社会主义中国的一名厨师，除应具备爱国、爱党、爱人民的起码思想品德之外，根据烹饪职业的特殊性，还应该特别提出以下几点：一是全心全意为人民服务的精神；二是热爱本职工作的敬业精神；三是热爱集体、热爱企业的精神；四是牢固的法治观念。一个店的兴衰，厨房工作人员是关键。假如一个厨师欺上瞒下、损人利己、道德败坏，有谁愿意与他交朋友，做同事？又有谁愿意聘用呢？所以具备高尚的人格和良好的厨德是现代厨师最重要的素质之一。要树立整体形象，提高个人的综合技术修养。

1. 要有较强的团队合作意识

俗话说："一根筷子容易轻轻被折断，十双筷子牢牢抱成团""众人拾柴火焰高"。这些朴实的话语充分说明了互相学习、互相帮助、团结就是力量的道理。一般来说，现在厨房有炉头、砧板、上什（蒸锅）、打荷、水台、烧腊、点心等工种之分。工种之间相对独立又相互制约。一道菜肴的制作过程是厨房各工种通力协作完成的，而非一己之力所为。作为厨师，都可以独立完成菜肴制作的所有工序，但工作效率至低。厨房的每一位工作人员都应充分认识，只有分工不同，没有贵贱之分，只有协作互助，厨房的工作效率和质量才能提高。

2. 要有强烈的服务意识

"厨师是所有职业中最难做的职业"，这话一点不假。每个人对菜肴的评判都有自己的尺度和标准，厨师按照自己的标准制作出的菜肴，张三说咸，李四说淡，王五说咬不动，赵六说过火了，女说真好吃，男说难吃得很，有时还要退回来重做，自己真心做出的菜，别人不动筷子就退了回来，罚你买单还不能发脾气，这就决定了必须具有良好的涵养。

3．要有厨德意识

菜品如人品，做菜如同做人。遵守社会公德和法律法规及公司、店里的规章制度是毋庸置疑的。同时，厨师必须遵守行业的职业道德，严格执行《中华人民共和国食品安全法》，而且要有爱心、平常心和超凡的胸襟气度。要做事先做人，所以具备高尚的人格和良好的厨德是现代厨师最重要的素质之一。

4．要有创新意识

创新，广义上讲就是将原来的东西变得更加美好。它包含的内容非常广泛，几乎涵盖任何行业。厨师创新主要有两个大的方面：一是观念创新，二是厨艺创新。

时代在变，人们对饮食的需求和消费观念也在变，菜肴并非古董，越老越好，必须要推陈出新，吸取传统精华，古为今用，洋为中用。将传统烹饪技术与现代餐饮理念巧妙搭配，寓庄于谐、寓巧于拙，运用创造性思维，通过借鉴、移植、嫁接、杂交等手法，创造和研制不同的特异菜品。只有不断创新，才能吸引客人，占领市场，厨师本身也才能具有长久的生命力和竞争力。

传统的“三十年河东、三十年河西”，“一招鲜，吃遍天”已无法适应现代餐饮业。一个再好的品种，只能适应当时，如果长期不变，必然会使人们产生厌倦，从而影响到企业发展。因为现在的餐饮业已从传统的“卖方市场”转为“买方市场”，从过去的食品决定客人变为现在的客人决定食品，这是从根本上发生了变化，那么就要求我们新时代的厨师在烹饪原料、制作工艺、口味、形状、就餐方式等多方面进行大胆改革和创新，只有具备敢于创新的思想，厨艺才会进步，企业才会发展，国家才能繁荣富强。所以，创新是厨师的生命，发展才是真正的硬道理。

5．厨师应具备一定商业素质

素质，是无影无形的，是看不见，摸不着的。商业素质也是如此。一个人商业素质的高低，是决定个人或企业能否快速发展的重要因素。做为厨师，商业素质主要的内容就是服务素质和数字概念。如果厨师没有服务素质和服务意识，就无法及时听取客人或他人反馈的意见和要求，从而无法及时调整现有的菜式和品种来满足客人的要求。我们可能经常会遇到前厅客人提出某个菜太甜或太咸，太黑或太干等要求，很多厨师马上就会说：“他根本不懂，这个菜式就是这样做的。”是，也许这个菜是这样的标准，那么我们作为服务行业，是否应该根据客人不同的要求来制作呢？能否提供更优质的服务呢？这就是一个人的服务素质。

所谓数字概念，就是厨师能否在日常工作中掌握各种数据，如上客率、毛利率、成本费用、营业状况，等等。如果不懂的话，只能算是一个能干活的“机器”。因为，作为现代厨师特别是厨师长，如果不懂或不能及时掌握这些数字的变化，就不知道如何去准备原料，如何控制成本，如何为企业创造利润。所以，不具备商业素质的厨师，是不合格的厨师。

四、厨师劳动的特点

厨师的劳动有以下几个方面的特征。

（一）服务性与创造性相统一的特征

厨师的劳动产品——菜点，是销售给人们享受的，为顾客提供精美佳肴，是厨师劳动的主要目的。因此，它具有商业服务性特征。这一特征要求厨师具有全心全意为人民服务的良好品德、顾客利益至上的态度以及甘于奉献的精神。当厨师为消费者提供服务的同时，又要千方百计地为自己的企业赢得经济效益。这就是要求厨师们通过优质服务，赢得顾客，通过增产节约，为企业增加更多的效益，这二者是矛盾的，但更是统一的。

（二）技术性与科学性、艺术性相统一的特性

烹饪是一门技艺。厨师劳动是以手工操作为主的技术工作。从原料的鉴别到初加工，从手工切配到掌握火候、调味，都有其特定的技术要求和操作难度。除了技术要素外，烹饪还是一门科学——一门以食物造型为主要表现形式的艺术。它是这三者的有机统一体。而厨师的劳动过程，实质上就是将这三者有机结合的过程。

（三）体力劳动与脑力劳动相统一的特征

厨师劳动是以手工操作为主的技术工作，这种劳动在具体进行时，主要是以体力劳动为表现形式。如有些原料的搬运、初加工和灶台上翻锅等。然而，厨师劳动又不是单纯的体力劳动，而是包含着大量脑力劳动在内的一种劳动。特别是随着烹饪的科学化、规范化要求的提出，厨师劳动的脑力劳动比重越来越大。如宴会的设计、筵席的构思、菜肴营养指标的确定、成本控制及核算以及菜点的造型等，无不凝聚着比较复杂的脑力劳动。

五、厨师的未来

（一）厨师的社会作用将越来越大

随着社会不断发展进步，经济文化事业的不断发展，第三产业将越来越发达，在国民生产总值中的占比越来越高。而饮食业作为第三产业的“龙头”，在人类产业结构中日显其重要性。人类步入高度发达的文明社会后，对饮食的要求越来越高，整个社会对美味佳肴的需求量也越大。改革开放四十多年，随着经济的发展，餐饮业蓬勃兴起，各行各业都办起了饭店、餐馆。大小饭店、饮食网点星罗棋布，餐饮结构也向高档化发展。随着旅游业、餐饮业、外卖等行业的进一步发展，厨师的社会作用必将越来越大。

（二）厨师的素质将越来越高

随着厨师社会地位的提高，厨师队伍早已结束了过去“不识字，学厨师”的历史，越来越多的有文化、有知识青年投身于烹饪事业，使厨师队伍的整体文化素质有了较大的变化。特别是近几年来，国家逐步加大了对职业教育的重视，烹饪职业教育蓬勃发展，烹饪技工学校、烹饪研究协会，也越来越为人们所重视，全国性、世界性的烹饪交流、比赛活动日益频

繁。所有这一切，都为培养和造就新一代厨师提供了良好的社会环境。展望一下未来的厨师，他们是一批既有良好的职业道德修养，又有烹饪文化科学理论知识，同时还具有良好烹饪技艺的专家、学者和技术人才。

（三）厨师的工作方式和工作条件将大为改善

烹饪科学的发展，使厨师的工作方式由传统的经验逐步向科学化、规范化过渡。机械化工具的普及将使厨师的工作条件大为改善。如和面机、切碎机的使用将代替人工和面、切剁工作，新型烹饪原料的开发，使厨师大大减轻了劳动强度；新型燃烧和新型灶具的使用，使厨师工作环境得到进一步改善。总之，随着科学技术的发展，厨师在人们面前的形象，将再也不是目不识丁、满身油污的“厨子”，而应是文武兼备、气质高雅的美食家。

第三章

烹饪职业道德规范

第一节 烹饪职业道德规范概述

随着社会经济的快速发展，人们生活水平的日益提高，居民的收入水平也越来越高，使得餐饮消费需求日益旺盛，营业额一直保持较强的增长势头，给餐饮服务行业带来了巨大的商机。同时，政治、经济、文化在不断变化，现代饮食文化显示出旺盛的生命力，它与旧的饮食方式产生巨大的碰撞。人们的饮食观念已开始冲破传统的藩篱，孕育出新的价值取向。饮食观念的转变，势必给我国餐饮业、食品工业和食文化带来巨大的连锁反应，形成新的食文化潮流。社会经济大发展的时代，对厨师而言，是难得的机遇，也是新的挑战。

据统计，我国厨师总数已逾千万。这样一个庞大的队伍，在我国产业工人中占了一个相当大的比重。如何培养出高技能的烹饪行业队伍，满足社会对烹饪人才的需求，是开设烹饪专业的学校面临的一个重要任务。抓好烹饪行业的职业道德素养，要从初学者开始。特别是开设烹饪专业的学校，应从学生进校开始，先树立和巩固专业思想，要求他们掌握烹饪职业道德的内容，用其来要求自己，形成良好的职业道德形象，在工作中逐步完善职业道德的水准，只有这样才能做一个完美的烹饪工作者。

一、烹饪职业对人才的要求

中国烹饪能饮誉世界，独占鳌头，绝非偶然，这其中有着中国厨师不可磨灭的贡献。有人说“吃遍世界，吃不遍中国”，这足以说明中国烹饪的魅力和丰富的内涵。然而，随着社会生产力的发展，人民生活水平的提高，家务劳动的日渐社会化和烹饪事业的迅猛发展，厨师的需求量更是与日俱增。

饭店餐饮业是国际性的大行业，烹饪学校是为饭店、宾馆等输送人才的大本营。改革开放以来，我国饭店与餐饮业发展迅速，作为我国改革开放最早、市场化程度最高、发展速度最快的行业，也是我国改革开放以后最早与国际接轨，所有权和经营权最早实现分离的行业。饭店行业需要一大批优秀的人才，特别是需要一大批具有烹饪技能的劳动者，这就为烹饪教育提供了广阔的市场，也为烹饪教育提出了更新更高的要求。

但是，目前的状况是我国的烹饪人才既“多”又“少”，即低层次的多，不易找到相应的工作岗位；高层次的少，用人单位很难寻觅到适用人才。这里的高低，不仅是指技术的高低，更主要的是厨师综合素质的高低。新课改已把职业素质的培养作为目标指向之一，烹饪专业教学应审时度势关注这一走向，把培养学生的职业素质纳入烹饪专业教学中去。烹饪专业课应走出“技术至上”的误区，把培养学生的职业素养纳入教学目标。只有这样，烹饪专业教育才能获得新的活力和生机。职业技术教育，顾名思义，要传授“技术”，而且是“职业技术”，即与职业有关的技术。“一技行天下”，有的教师把技术训练看成职业学校教学工作的主要内容，甚至是全部内容，而陷入了唯技术的泥潭，成了技术至上主义者。我们并不否认技术的重要性，可以肯定地说，缺少了“技术”的教育称不上是职业教育，没有“技术”

的学生也不是职业学校的学生。但是，唯技术主义、技术至上的倾向，却导致烹饪专业教学走进了误区，主要表现在以下两个方面：第一，培养目标狭窄——以技术替代了综合职业能力的培养；第二，教学内容简单——以技能教学替代了专业素养的综合教学。

二、形成良好烹饪职业道德规范是烹饪人才培养的关键

古人云："德者事业之基，未有基不固而栋宇坚久者；心者修行之根，未有根不植而枝叶荣茂者。"这句话告诉我们，要立志于事业，必须修养品行，砥砺道德，才能成为一个全面的、和谐的、对社会有贡献的人。

烹饪职业道德规范是所有烹饪从业人员在职业活动中应该遵循的行为守则，涵盖了烹饪从业人员与服务对象、职业与职工、职业与职业之间的关系。不同的时代，有不同的职业道德规范。简单总结如下。

①热爱餐饮事业，对企业忠诚，对工作勤勉，对客人热情。

②熟悉各种烹饪原料的名称、产地、特点、价格、淡旺季，检查烹饪原料是否够用、是否齐全、是否变坏，保持食品新鲜度，生、熟食品分开存放。

③做好饮食卫生，加工菜肴必须做到无泥沙，无虫、草，无黄叶、烂叶和其他杂物，严防食物中毒事故的发生，做到食品美味可口，营养卫生。

④严格遵守操作程序，按不同原料和切配要求，加工、切配好各种食物并做到大小均匀、厚薄一致。努力提高烹饪技术，根据工艺要求操作，不允许偷工减料，粗制滥造，并分清先后，做到烧熟烧透，色香味俱佳。在技能上面向高、精、严看齐，经常变换花色品种及烹调方法，掌握火候，咸淡适当，主料、配料适宜。

⑤注意个人卫生，做到工作服干净、整洁，穿戴整齐，注重饮食职工的精神风貌和仪表，不准穿背心，严禁抽烟、吐痰。

⑥使用文明礼貌用语，待人热情，服务主动，态度和蔼。

⑦爱护公物，勤恳办事，乐于奉献，严于律己。

⑧团结协作，相互配合，服从领导，关心同志，共同提高等。

内容很多，但很不全面。随着社会的发展，烹饪行业队伍越来越壮大，人们对职业道德规范的要求也越来越高，已远远超过简单的卫生、团结等内容。随着烹饪行业岗位的细化和管理水平的提高，烹饪行业的不同岗位都有着具体的执行标准和管理要求，从事烹饪工作人员的不同技术等级，其相应的职业道德约束也有区别。当前我国正处于社会主义初级阶段的性质，也决定了我们烹饪专业的职业道德要符合社会主义道德建设的要求，也就是说烹饪职业道德规范是社会主义道德的基本要求在烹饪职业活动中的具体体现，它既是每个员工在职业活动中必须遵循的行为准则，又是人们评价和判断每个员工职业道德行为的标准。凡是符合这些规范的行为，就是良好的、高尚的，人们就会予以肯定和表扬；凡是不符合这些规范的行为就是低劣的、不道德的，人们就会予以批评和谴责。所以说，社会主义烹饪职业道德规范既来源于社会

主义烹饪职业生活，又高于烹饪职业生活，对人们的道德行为起着指导作用。

对此，开设烹饪专业的学校，不论是中职、高职还是高等院校，都有必要对学生进行职业道德教育，开设必要的职业道德课程。

三、开设烹饪专业职业道德课程的必要性

1. 是维护和提高烹饪行业信誉，促进行业发展的需要

烹饪行业人员复杂，人们对烹饪行业的认识也各不相同，以次充好，欺诈顾客，不能明码标价，不卫生，不文明等不良现象屡屡发生，严重影响了烹饪行业的声誉，加之几千年以师带徒流传下来的不良习惯，帮派斗争，勾心斗角，按资排辈，吃拿回扣，非法加工野生动植物，非法使用食品添加剂等现象，也给烹饪行业的声誉带来损害，不利于人才的培养，阻碍烹饪事业的发展。因此，学校开设专业职业道德教育，能使学生了解和认识这些不利于发展的因素，提高自身的职业道德素质，辨别行业中的不良行为，掌握现代社会发展的最新动态，补充和丰富职业道德内容，维护和提高烹饪行业的声誉，促进行业的健康发展。

2. 是促进学生全面发展，提高社会道德水平的需要

良好的职业道德的形成一方面来源于自身道德素质的修养和行为规范，另一方面来源于行业的规章制度。人才的健康培养是多方面的，不仅要具备良好的职业道德，还要具备全面的社会公德，只有加强各方面的道德修养，才能全面提高学生的素质，使学生得到健康发展。古人云：有德有才，可用；有德无才，亦可用；无德无才，不可用。可见德对人才来讲是最重要的。

3. 是加强学生专业认识，培养合格人才的需要

学校是学生学习的重要环境和阶段，学生良好职业道德的形成与学校培养关系重大。学校教育、社会环境对学生职业道德的养成起着至关重要的作用。因此，开设烹饪专业的学校，首先要加强学生对专业的认识，使学生了解专业、重视专业、热爱专业，只有这样，才能加强学生对烹饪专业职业道德的认识，使学生充分认识到职业道德在职业生涯中的重要性（图3-1）。学校不能一味地灌输专业知识、钻研技术，还应灌输做人的准则，加深职业道德对职业影响的理解，培养学生对职业道德内涵的认识，引导学生运用职业道德的准则来约束自己，以便形成良好的职业道德习惯，成为合格人才。

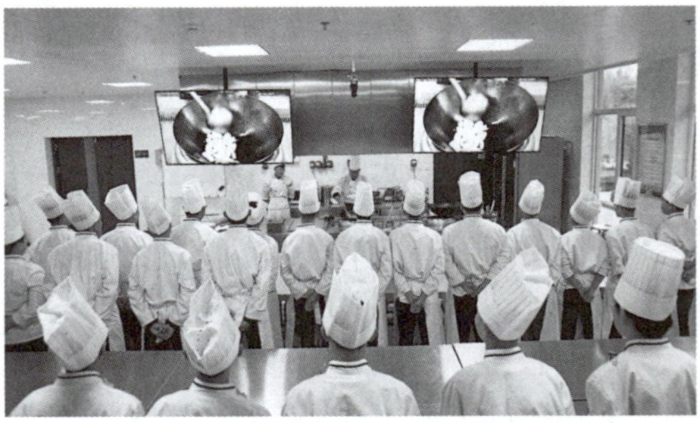

图3-1　加强学生专业知识学习

4. 是调节职业之间、人员之间关系的需要

良好的职业道德，能调节职业之间的关系，不会因为职业的不同而出现不协调的现象。

烹饪行业不是一个独立的行业，与其他行业有着千丝万缕的关系，它调节行业中从业人员的关系，运用职业道德规范约束从业人员的行为，促进职业内部人员的团结、协调、合作、互助、爱岗、敬业，齐心协力地发展本行业。另外，职业道德的培养有助于很好地协调厨师与消费者之间的关系。

当今，在我国烹饪行业中，通过广大从业人员的道德实践，已经形成了许多适合于本行业的道德行为和习惯，并已初步形成为一种良好的风尚。所有这些都是我们制定烹饪职业道德规范的重要基础。

【案例教学】

香港科技大学校长吴家玮曾说，21世纪的人才应该是："在自己的专业领域内，迈向国际前沿；对别人的专业有着较为广泛理解；在文化素质方面，对文艺、思想、体育等更有广泛的参与。"显然，把职业教育简单地视为培养"技术劳动者"的观念已不能适应时代发展的要求了。21世纪需要的是具有综合专业技术和职业素质的人才，也是当代烹饪专业教育的目标指向。在注重培养学生技能的同时提升他们的文化素质，在培养学生全面素质的同时重视对他们创新素质的培养，在培养学生综合职业能力的同时培养他们稳定的心理素质。

在众多素质中，职业道德素养尤为重要，正所谓"学厨先学德"。学德，是每一位厨师应该懂得的，作为一名厨师，没有良好的职业道德素养，技术再高，也不能算是一个合格的厨师。

现代烹饪职业者面临着厨德与厨艺关系的问题。有的烹饪职业者厨艺好，认真钻研烹饪技术，制作的菜品质量也不错，完成本职工作较好，但敬业精神稍差，多做点工作总会讨价还价，不能团结他人；还有的烹饪职业者具有一定的职业道德、敬业精神，放哪都放心，但技术水平稍差，菜品质量提高得慢，专业知识掌握得比较少，不能满足顾客的要求，对企业经济效益提高的贡献度不大。

据了解，一些饭店老板经常反应有些厨师大手大脚，浪费极为严重，没有一点职业道德；有些厨师技术并不强，却时不时还要耍些牛脾气，老板只能烟酒相待，一不顺心，还要给老板脸色看，趁老板不注意就任意挥霍、浪费；还有一些厨师因技术不过关，知道快被炒鱿鱼时，就大手大脚，反正是不干了；还有一些厨师自从学技术开始，就没有养成好的节约习惯，一旦当上厨师，旧习难改，一不小心，就有被炒鱿鱼的可能性；甚至有些厨师学会了顺手牵羊，趁老板不注意时就拿点好吃的或值钱的。

最近几年"包厨"流行，更是值得注意。厨师由大厨一人找，大厨说了算，几个人一伙，更是胆大妄为，做些不道德的事，且不易发现，一旦被发现就只能等炒鱿鱼了。还有一些"大厨"，老板用个把月，惊呼上当，只能再换厨师。所谓的"大厨"只是学了二三月的配菜，就敢出去称大厨，漫天要价，老板一用觉得上当。这些"大厨"的原则是：打一枪换一个地方。类似现象在烹饪行业中大有人在，虽然是一部分人，但给整个职业脸上抹了黑。因此，学习烹饪一定要提升自身职业道德素养，再把技术学好。职业道德不好，确实不受欢迎，时刻都有被炒鱿鱼的可能。在职业道德方面，厨师首先应培养良好的职业道德素养，并提高技艺，无论走到哪里都要留下好名声，成为让多家酒店老板抢着用的厨师，这样工资自然会上涨，而不是几位厨师为了一个饭店职位争了又争，工资降了又降。

第二节　爱岗敬业、服务群众

爱岗敬业、服务群众是烹饪职业道德最基本的规范，也是成为一个合格的烹饪从业人员必须遵循的一条职业道德规范。

一、爱岗敬业、服务群众的涵义

爱岗就是热爱自己的工作岗位，热爱自己从事的职业；敬业就是以恭敬、严肃、负责的态度对待工作，一丝不苟，兢兢业业，专心致志。爱岗敬业是为人民服务精神的具体化，是人们对从业者工作态度的普遍要求，是国家对每个从业者的最基本的期待，是从业者敬重人们、敬重自己的具体表现，是爱自己、爱人民、爱祖国的统一。

服务群众就是全心全意为人民服务，一切以人民的利益为出发点和归宿。服务群众是为人民服务这一职业道德核心在职业生活中的具体化，是为人民服务的精神在职业生活中最直接的体现。

爱岗敬业，服务群众，是职业道德体系中占有重要地位的规范。因为它是从事各种职业的人都应当遵守的共同的、基本的道德规范。一个爱岗敬业、服务群众的烹饪从业人员，能把自己从事的工作看成生活的目的、生命的一部分，并把自己的心血倾注到所从事的工作中去。这种事业心和敬业精神，是成为一个有高尚职业理想、合格的烹饪从业人员的道德基础。

我们社会的进步、任何一项事业的发展，都离不开那些具有敬业精神的劳动者。烹饪行业是一项新兴的产业，在我国经济的发展中有着越来越重要的地位。正是那些具有敬业精神，热爱本职工作，在自己的岗位上尽职尽责、勤勤恳恳工作的人，用他们平凡而伟大的劳动，推动了我国烹饪业的发展，谱写了我国烹饪事业的新篇章。

二、爱岗敬业、服务群众的重要性

1. 爱岗敬业、服务群众是发挥从业人员潜在能力、提高服务质量的道德基础

烹饪行业提供给客人的主要产品是“服务”，而且是“面对面”的服务。从业人员的服

务态度在使客人满意方面起到的作用，往往超过了客人所享受到的物质本身。每一位从业人员都有自己的潜在素质和能力，但是，这种潜在素质和能力的发挥，必须建立在有敬业精神、热爱本职工作、忠于自己职守的基础上（图3-2）。一个不敬重自己所从事的职业，不热心投入工作，在岗位上三心二意、应付日子的人，他纵然有聪明才智，也不可能发挥出来，这既影响了服务质量的提高，也阻碍了个人的发展。

图3-2　爱岗敬业，为客人提供最好的产品

2．爱岗敬业、服务群众是烹饪业取得良好社会效益和经济效益的保证

在社会主义市场经济体制下，各行各业都面临着激烈的市场竞争。竞争会涉及许多因素，但最终离不开每个员工的爱岗敬业、服务群众精神。因为现代企业是一个严密的整体，各单位是一个有机组织。只有人人热爱本职、恪守职业、兢兢业业，发挥整体功能，才能生产出经济效益和社会效益。正如新一代产业工人的楷模王涛所说："虽然一个工人左右企业的能量不大，但如果每个人都在岗位上努力工作，奋发图强，那就能推动企业摆脱困境，走向兴旺！"

给客人提供优质服务，让客人满意，赢得客人的赞誉，招徕更多的回头客，使企业获得良好的社会效益和经济效益，是每一家烹饪企业的经营管理者的愿望，也是员工的愿望。这个目标的实现依靠的是全体从业人员的努力，并且与每一位从业人员是否具有爱岗敬业、服务群众的道德觉悟有着直接的联系。企业的良好声誉来自于客人，企业的利润也来自于客人，失去了客人的企业就失去了经济效益，也不会有社会效益，企业本身也失去了存在的意义。如果从业人员都能热爱自己的本职工作，心系群众、努力工作，真心为客人着想，真诚为客人提供优质服务，让客人满意，这就为取得两个效益打下了坚实的基础。

3．爱岗敬业、服务群众能促进良好社会风气的形成

社会的进步、经济的发展需要每个人为之努力，经济生产要有效益，精神产品要有质量，社会管理要有成效，就必须形成爱岗敬业、服务群众的社会风尚。在这种风尚下，每个从业者都在自己的岗位上勤勤恳恳、尽职尽责、奉献力量，我国人民生活水平的提高、综合国力的增强就有了物质基础。同时人人敬业，个个爱岗，表现出一种强烈的责任感，形成一种奋发向上的氛围，有利于促进社会文明的进步。

综上所述，爱岗敬业、服务群众的厨师是餐饮业发展的潜力和动力，因为餐厅、酒楼主要通过满足用餐者的各种需求创造更多收入。餐饮业的生产从食品原料的采购到验收储存、领用、粗加工、切配烹调到销售，整个过程业务环节多，任何一个环节出现差错都会影响产品质量。所有生意兴隆的酒楼、餐厅只有依靠爱岗敬业、服务群众的厨师，才能满足客人要求。

三、爱岗敬业、服务群众的基本要求

1. 端正思想、提高认识

烹饪行业是我国社会主义现代化建设事业的重要组成部分。它为我国的现代化建设积累资金，又使我们广交朋友，扩大我国的影响，增进同各国人民的友谊；同时也加强了对外文化、科技、经济交流。

在对烹饪业的认识上，存在着几种错误的看法。有人认为："干烹饪工作轻松，挣钱容易""烹饪行业时髦，吃得好，玩得好""烹饪行业同各种人接触的机会多，社会关系广，吃得开"。而也有人认为："干烹饪服务工作，低人一等，被人瞧不起。"带着这些错误或模糊认识进入烹饪行业的人，不可能成为一名爱岗敬业、服务群众的好员工。他们在劳累、辛苦的工作中很可能会退却、远避。因为如果一个人的择业动机是为了时髦，为了追求吃、喝、玩、乐等个人享受，他就不愿进行刻苦的学习和训练，不愿努力地工作，也不可能尽职尽责、全心全意地为客人服务。这样的工作态度，必然会招致客人的不满。因此，从业人员应该充分认识烹饪业的地位，充分认识从事烹饪工作的艰巨性，要以正确的态度对待烹饪业，热爱自己所从事的烹饪工作，在平凡的岗位上用自己真诚、热忱的劳动，赢得客人的赞扬，为发展我国烹饪业作贡献。这是一项光荣的、前途广阔的工作。

2. 快乐工作、技能成才

（1）快乐工作、技能成才就是要乐业　乐业就是从内心里热爱并热心于自己所从事的职业和岗位，把干好工作当作最快乐的事，做到其乐融融。乐业体现在职业情感和职业行为两个方面。职业情感是人们对所从事的职业的好恶、倾慕和鄙夷的情绪与态度。从内心的情感来说，热爱一项工作，就意味着对它有一种崇高的职业尊严感和荣誉感，明确的事业心和成就感，有自信心和自尊心，始终深信自己的工作是有益于国家、有益于民族、有益于他人的。从事一项工作，应对它抱有浓厚的兴趣，倾注满腔的热情，把它看作是一种乐趣，看作是生活中不可缺少的内容，并在刻苦奋斗后取得成就时感到无比的兴奋和快乐。学者梁启超说得好："乐业即是趣味，人生能从自己的职业中领略出趣味，生活才能有价值。"

中国烹饪大师刘雪峰曾说过："不管有多少烦心事，只要一站在灶台前，我就特别开心，什么烦恼都忘了。"

内心的职业情感必然表现在具体的职业行为之中，职业行为也就是人们在职业活动中的所作所为。对所从事的职业和岗位的热爱，必然具体体现在日常的工作态度和工作作风上，把乐业的思想通过职业行为表现出来。

（2）快乐工作、技能成才就是要强业　强业是指对本职工作业务纯熟，精益求精，力求使自己的技能不断提高，自己的工作成果尽善尽美，不断地有所进步、有所发明、有所创造。

首先，要好学进取。烹饪专业知识和烹饪职业技能不是与生俱来的，是在后天的学习和训练中逐步掌握的。每个从业者既要认真学习书本知识，又要在工作实践中努力钻研所从事的专业，这样就能掌握过硬的本领，使自己的工作得心应手，更能使自己适应市场竞争的需要。烹饪政策、烹饪历史、烹饪技能展示、烹饪文化发展方向等对烹饪从业人员的要求将越来越高，每个人都应有好学进取的精神，要刻苦地钻研、不断地进取，这样才能不断提高自己的职业技能，不被时代所淘汰。其次，要不断追求“高质量”。每个烹饪从业者都要把高超的技能、纯熟的技能用于工作实践，把工作做得好上加好，产品及服务尽善尽美。

乐业、强业，这二者是相辅相成的。乐业是爱岗敬业、服务群众的前提，是一种职业情感；强业是爱岗敬业、服务群众的条件，是一种执着的完美追求。随着改革开放的深入发展和市场经济体制的建立，每个烹饪从业者都要正确看待烹饪职业的待遇和声望，做到只要在岗位一日，就要在现有岗位上兢兢业业地做好本职工作。

3．尽职尽责，忠于职守

全心全意为群众服务是烹饪行业的根本宗旨。为了实现这一目标，为了给客人提供细致、周到的服务，现代烹饪企业有着众多的部门和明确的分工。每一个岗位都有自己具体、严格的岗位职责和工作任务。尽职尽责，忠于职守是完成这些工作任务的保证。

（1）要求从业人员以高度的责任心和良好的心态投入到每天的工作中　员工一旦上岗，首先想到的就是：全心全意为消费者服务是我们的根本宗旨；处处为客人着想，尽力使客人满意是我们的目标。以这种心态投入工作，就会为优质服务打下良好的基础。

（2）要求从业人员认真履行岗位职责　做到按时到岗，做好岗前的各项准备工作；坚守岗位，按服务规范和程序给客人提供一丝不苟的服务。如要成为厨艺精湛的大师，必须从整洁的衣装，洁净的围裙这些岗位职责细节进行严格的要求。并且进一步培养烹饪学子爱整洁、注重细节的良好习惯。“君子不可以不学，见人不可以不饰。不饰无貌，无貌不敬，不敬无礼，无礼不立。”（《孔子集语·劝学》）。着装在餐饮行业职业岗位之中不仅是一种基本礼仪，也是一种职业规范，严格规范的岗位要求，不仅需要持证上岗，还要正装上岗。良好的厨师每年换一把刀，因为他用刀来切割，平庸的厨师每月换一把刀，因为他用刀来猛砍，技艺精湛的大师则十几年不换刀，崭新如起初，锋利如刚磨。爱惜手中的刀具、精心使用、细心保养甚至达到更高的境界，领悟到对“生命之刀”的磨砺、保养和呵护，让生命之刀闪闪发亮，让生命之树百年长青。切菜的技术，就是根据烹调与食用的需要，将各种原料加工成一定形状，使之成为组配菜肴所需要的基本形体的操作技术，这是烹饪学的基础课程之一，也是每个烹饪大师必不可少的基本技能。刀法包括切、片、削、剁、剞、劈、剔、拍、剜、旋、刮、食雕等十几种。刀法娴熟、游刃有余的大厨，看其出神入化的刀法，就像武侠小说当中的侠士剑客，刀光剑影，让人眼花缭乱、赏心悦目、叹为观止。动作要领是保持上身的姿势挺直，手部动作的精细、舒展、敏捷和多变。

（3）要求从业人员认真履行“员工守则”中的各项要求和规定，严守职业纪律，服从领导的安排和调度，按时完成工作任务等　一穿上工作服、佩戴上工号牌，就要像战士上前线、演员上舞台，把全部精力投入工作当中去。遇到各种意外或紧急情况时，一定要沉着、冷静、果断、坚守岗位，必须把客人的安全、利益和企业的声誉放在首位。例如中西餐的铺台，看似简单，其实大有学问，就如同汉字书法之中，笔画越简单的字体往往越难写，铺台布的动作，只有十几秒钟到几十秒钟，动作简洁明快，非常讲究职业纪律，操作要规范、敏捷、快速、整齐。要求和规定决定操作的规范化，操作的规范化给人良好的第一印象，展示了从业人员的训练有素。

此外，爱岗敬业人员懂管理理念。作为一个爱岗敬业的厨师，不仅需要精通烹调业务技术，而且要具备现代餐饮业的管理知识。新世纪是知识经济的时代，科学技术也影响到餐饮业的发展与更新。例如，掌握收银台的电脑控制点菜技术；现代餐饮工具的使用与维修；现代厨房的组合配置及物资能源的管理；采购与库房的管理；掌握整个酒楼、餐厅毛利、纯利、收支情况；餐厅服务与厨师素质提高的管理。作为厨师一定要具备以上的综合管理素质，与餐饮主管密切配合，才能使整个酒楼、餐厅更健康地发展。还要会当家理财。一个名厨除了精通业务外，还要懂管理、能经营，必须会为酒楼、餐厅精打细算。比如从增收节支、开源节流，以增加酒楼、餐厅利润为目的，增加新项目、开发新品种，利用节假日推销产品扩大销售量，达到增加酒楼、餐厅收入的目标；还要会制定出严密、完整的操作程序和成本控制措施，并加以监督执行，从而提高酒楼、餐厅盈利能力。

第三节　文明礼貌、诚实守信

文明礼貌、诚实守信是烹饪业极其重要的道德规范和业务要求，也是烹饪职业道德的一个最显著的特点。

一、文明礼貌、诚实守信的涵义

从伦理学角度看，文明礼貌是社会公德的基本内容和重要道德规范，是正确处理人们之间相互关系的一种最起码的，也是必不可少的行为准则。文明礼貌包含着十分广泛的内容，其核心是尊重人。人们要相处得友好愉快，最根本的就是要文明礼貌、互相尊重。从烹饪职业道德的角度看，文明礼貌对于每一个烹饪行业工作者来说，不仅是基本的业务要求，也是重要的道德规范。消费者是我们的客人，是怀着美好的感情和愿望远道而来的朋友，出于基本的职业道德，我们当然应该热情友好、以礼相待。

诚实就是真心诚意，实事求是，不虚假，不欺诈；守信就是遵守承诺，讲究信用，注重质量和信誉。诚实守信是人们在职业活动中处理人与人之间关系的道德准则，是市场经济体制下人际交往和经济活动中必须遵守的一项最基本的道德规范。诚实守信既是一个人为人处世的基本准则，也是一个单位从事经营活动的基本准则，更是从业者对社会、对人民所承担的义务和职责。从烹饪职业道德的角度看，诚实守信是每个烹饪从业人员最重要的道德义务。中国烹饪协会多次提出并倡议“餐饮业质量安全提升工程”建设，通过推广诚实守信示范单位的典型经验，以点带面，引导烹饪全行业努力实现诚信经营、守信经营、科学经营，切实保障人民群众舌尖上的安全，增强人民群众的获得感、幸福感、安全感，实现我国餐饮产业可持续健康发展。离开了诚实守信这个核心内容，烹饪职业道德的其他规范就失去前提了。

二、文明礼貌、诚实守信的重要性

1. 文明礼貌、诚实守信直接关系到国家的声誉

文明礼貌是中华民族的传统美德。讲究文明礼貌不仅是一个国家社会风气的现实反映，也是一个民族进步的重要标志。随着改革开放的深入，我国与世界各国的交往日益频繁，来中国旅游观光，接触中国餐饮的客人与日俱增，烹饪业已成为我国的一个重要的对外“窗口”。从业人员是否文明礼貌，会对我国的声誉产生很大的影响。

2. 文明礼貌、诚实守信直接关系到我国烹饪业的前途和命运

烹饪行业作为第三产业的一个组成部分，它的产品主要就是服务。优质服务是烹饪行业的生命。我们这里所说的服务，既包括服务态度，也包括服务质量。一家酒店、一个餐厅无论修建得多么宏伟豪华、“硬件”多么先进高档，如果没有优质服务，就难以在竞争中立足。如果我们的烹饪业没有文明礼貌、诚实守信，不仅餐饮业声誉受损，国家的形象也将受到影响，在这种情况下，烹饪业不仅谈不上经济效益和社会效益，就连自身也岌岌可危了。

三、文明礼貌、诚实守信的具体要求

1. 真诚待人，尊重他人

真诚待人、尊重他人是做人的起码社会公德，对烹饪从业人员来说，则是一种最基本的职业道德。在烹饪职业活动中，尊重他人主要是尊重客人。

烹饪行业的服务对象是有思维、有感情的人，这是一类特殊的服务对象。因此，饭店服务的过程中就有主客双方感情的交流。为了使交流融洽，首先需要的是对客人的尊重，把对客人尊重和关心的感情通过服务传输给客人，让客人和酒店、饭店在感情上融为一体。这是文明礼貌、优质服务的重要环节。客人们来自五湖四海，他们有不同的历史和文化背景，不同的习俗、礼节，不同的宗教信仰，也有不同的爱好和禁忌。我们在烹饪服务中，都应予以尊重。尊重他们的正当愿望和要求，尊重他们的利益……归结起来一句话，就是要尊重他们的人格。

2. 仪表整洁，举止大方

一个人的仪容、服饰、举止往往反映其文化水准、道德修养和精神面貌。与人交往，仪表常常是第一印象。在烹饪业中，每个工作人员的仪容仪表、一言一行都在一定程度上代表着企业的形象，甚至代表着国家和民族的形象。因此，对烹饪工作者来说，仪表整洁、举止

大方不仅仅是个人修养问题，而且是服务态度和服务质量的要求，也是职业道德规范的重要内容。

自己的打扮是对别人的尊重。在烹饪服务工作中，我们打扮得整洁、大方、得体，给人以美感，不仅是对客人的尊重而且还能体现我国人民和烹饪工作者健康向上的精神风貌。如果衣冠不整、蓬头垢面，就会给客人留下不好的第一印象，给人感觉所烹调的食物也是脏的，这是对客人的不尊重。由此我们可以看出仪表整洁对烹饪工作者来说是何等重要。

3．微笑服务，礼貌待客

对客人的真诚欢迎最直接的表达和流露就是我们的微笑：中国有句俗话：“出门看天色，进门看脸色。”微笑是热情友好的表示，是真诚欢迎的象征。我们接待来自五湖四海的客人，无论他来自什么国家，无论他是什么肤色，无论他讲哪种语言，都能从微笑中感受到我们真诚的欢迎。因此，微笑是一种不需要翻译的“世界语”，是人们公认的社交场合的一种“高级润滑剂”。

微笑，是就餐人员的感情需要；微笑，给就餐者以“宾至如归”的亲切感；微笑，是发展我国烹饪业的需要。许多外国朋友向我们建议：“微笑多一点，中国的烹饪业将前进一大步!”值得注意的是，微笑并不是一个单纯的技术性问题，而是职业道德的体现。因为微笑是一种心理活动的反映，没有真挚的感情，笑起来总不那么自然；只有真正发自内心的微笑，才会自然、美好。勉强做作的假笑给人以难受的感觉，甚至会引起客人反感。所以我们要在文明礼貌、真诚待客、敬业、乐业的基础上，十分自然地向每位客人发出由衷的、亲切的和恰如其分的微笑。会礼貌待客是一种社会公德，也是烹饪行业的一项传统道德，更是现代烹饪业必不可少的职业道德。作为烹饪职业道德的一项规范，它的标准和要求就更高了。需要时时处处按这个道德规范要求自己。例如，当客人要求见厨师甚至主厨或者餐饮经理时，无论是服务人员还是管理人员都应该点头问好，微笑答复客人的问题，礼貌待客。

4．环境优美，食品卫生

对烹饪行业来说，环境优美和食品卫生既是烹饪服务的重要内容，又是业务和职业道德要求。具体地说：作为饭店应尽力搞好门厅、咖啡厅、餐厅、客房、庭院、走廊、卫生间、停车场、车厢等的清洁卫生和环境美化工作，力求做到整洁、美观、大方、高雅、舒适，同时还要讲究思想性、艺术性、科学性和地方性。要真正做到食品安全，还必须努力提高职业道德水平，认识其重要性。如果我们从业人员的道德水准低、责任心不强、工作中怕麻烦，就可能造成严重后果。因食品不安全造成的食物中毒已不是个别例子，这既会造成不小的经济损失，又给企业、国家的声誉造成极大的损害。我们必须十分重视食品安全，加强自己的职业责任感，对就餐人员的健康负责，把企业办成让顾客放心的企业。

5．尽责尽心，服务周到

尽责，就是要尽到自己的职业责任，这是职业纪律和职业道德的要求。尽心，是在职业活动中充分发挥主观能动性，付出自己的最大努力。相比之下，尽心比尽责难度更大、要求更高。尽心是一般法规难以具体规定的，而且没有一个量化的标准。但职业道德却把它作为重要的规范内容。应通过教育、引导，激发从业人员的主观能动性，处处为消费者着想，做到尽心服务。尽责尽心，服务周到的具体要求是：努力做到服务工作的标准化、程序化、制度化和规范化。为了保证高质量、高效率、周到的服务，每个部门、每个环节都要使服务工作有明确的标准、科学的程序、严格的制度、良好的规范。例如，在饮食方面，要做到卫生、富于营养、方便、精美；在餐饮服务方面，要做到整洁、雅致、安静、舒适；在娱乐方面要讲究文明、高雅、健康、有益等。

6．诚信无欺、讲究质量

（1）要诚信无欺　诚信无欺就是诚实，讲信誉，不欺诈。诚信是社会大厦的基础，是经济生活必备的条件。它要求在生产者和消费者、烹饪从业人员和购买者的关系中，在市场的交易中，要货真价实，即质量、数量、款式甚至烹饪品牌等，都要符合相应的规格，要明码标价，合理定价。不能采用欺骗手段，牟取暴利。它要求酒店饭店的广告、营业员的商品介绍、商品的包装和标识等应提供真实的商品信息。它要求向被服务者提供货真价实的服务信息，提供符合规格的服务，收取合理的费用，反对和杜绝各种各样的欺诈行为。它要求在企业内部实事求是，从源头上杜绝假冒伪劣。信誉是企业的未来，是企业或个人的无形资产。无论是个人创业还是企业发展，我们都应该把信誉放在首位。

（2）要讲究质量　质量是各行各业的生命。在充满竞争的市场经济体制下，各行各业要树立强烈的质量意识，把讲究质量放在第一位，在生产或服务中讲究质量，以质量求生存，以质量求发展。讲究质量，对烹饪从业人员讲就是产品质量。它要求每个员工树立质量第一的观念，认真履行岗位职责，有高度的责任心，一丝不苟，严把质量关，严格生产程序，不偷工减料，不粗制滥造，不以次充好，为用户着想，把优质精品奉献给广大消费者（图3-3）。它要求每一位服务人员和工作人员都要为顾客或群众提供最满意的服务，用优质的商品、优良的服务态度、方便消费者的服务方式、高超的服务技术、便捷的服务设施和优美的环境去满足消费者或群众的要求。

图3-3　烹饪行业要树立强烈的质量意识

俗话说：在家千日好，出门事事难。我们的烹饪业为客人提供优质周到的服务，就是要改变这个观念。客人出门在外，初来乍到，情况不明，环境不熟，可能出现各种不适和困难，也难免会有失误和差错，这时尤其需要我们及时给予提醒和帮助。关心、爱护他们，及时为他们排忧解难，急客人所急，想客人所想，用我们尽责尽心的周到服务，使客人真切感受到“宾至如归”和“宾至胜归”。

【延伸阅读】

天粮餐饮

人民网曾有过报道，天粮餐饮，一个小型的餐饮公司，凭借诚信经营，从一个只有十几人的小型公司，发展到目前的千人企业，始终处于行业前端。天粮餐饮的加盟商加盟之前要与总部签订诚信条约，先树立了诚信经营的理念，以保证为消费者提供高品质的产品、高品位的享受。当今社会，食品安全问题已成为顾客最为关注的问题，地沟油、各种有害添加物的不断曝光，一次次挑战顾客的底线。天粮餐饮加盟商从源头上把关，核心物料由总部统一配送，基础物料都由正规渠道提供，在制作过程中严格遵循总部的制作流程，定期更换食用油，当天食物当天销售完毕，让顾客吃着放心、吃得健康。正因为天粮餐饮对自身诚信的高要求和高执行，促使天粮集团成为中国餐饮加盟市场诚信经营的典范。

第四节　钻研业务、提高技能

一个名牌企业可以振兴一个地方的经济，同样的道理，一个业务水平高超，技能非凡的好厨师可以带活一个酒楼、餐厅。

钻研业务、提高技能是各行各业共同的业务要求和道德规范，也是烹饪职业不可缺少的基本规范之一，是烹饪从业人员搞好本职工作的关键。

一、钻研业务、提高技能的含义

钻研业务、提高技能是烹饪行业一项重要的职业道德规范。它的基本含义是：只有具有丰富的业务知识和熟练的职业技能以及过硬的基本功，才能为烹饪业的消费者提供优质服务，才能尽到自己的职业责任，才能为企业赢得声誉，才能为我国烹饪业的发展作出贡献。因此，自觉钻研业务、提高技能也就成了一种道德义务，不能只将其理解为是一种业务要求。如果只有做好工作的愿望，没有做好工作的本领，那是不符合道德知行统一的要求的。钻研业务、提高技能，既是为了向客人提供优质服务、履行好职业责任，为国家和社会作贡献的前提，又是烹饪从业人员求得自身发展、进步的重要基础之一。市场经济是竞争的时代，即所谓“适者生存”，烹饪从业人员也不例外，要想生存，就得发展、创新。烹饪管理人员或者一线人员就要适应潮流，满足人民对美好生活的追求，这就要求烹饪从业人员要不断学习、不断更新自己专业知识、专业技能。同时要“以厨艺赢人，以厨德服人”，厨艺厨德是厨师发展的前提，努力勤奋学习专业知识，学习新的烹饪原料、新的烹饪理念，制作出新的菜式，从选材、刀工、作料制作、烹饪过程、摆盘等工序入手，在每个环节进行学习、思考、研究，要有创新意识，一天天地学习厨艺，一年年地提高技能；一天天地积累厨德，一年年地提高意识，用心做菜，才受人尊敬。

当然，如果仅仅是为了个人的利益而钻研业务、提高技能，那是违背烹饪职业道德要求的。只有将个人的努力融入烹饪事业中，为我国烹饪业的发展贡献自己的聪明才智，其业务技能才具有道德价值。

二、钻研业务、提高技能的重要性

1. 钻研业务、提高技能是搞好优质服务、提高工作效率，为企业创造良好声誉的重要前提

为烹饪业的消费者提供优质服务，让客人满意，是发展我国烹饪业的关键。特别是在烹饪行业的饭店，服务员对客人是面对面的服务，服务员的业务技能直接和客人见面，服务技能成了服务质量的重要组成部分。现代烹饪业的业务门类多、要求高，各部门和各工种都有一整套业务技术要求。如果我们的烹饪从业人员只有为客人服务的良好愿望和态度，而不努力钻研和提高业务，没有相当的文化水平、业务知识和服务操作技能，提高服务质量就没有保证，也无法适应我国烹饪业发展的需要（图3-4）。

图3-4　厨师要努力钻研业务，提高技能

提供高效率的服务是烹饪业优质服务的特点。饭店服务要尽量减少“等候”，讲究服务效率。服务效率是提供服务的时限，是提升服务质量的重要因素。如总台登记入住每人不超过三分钟、在餐厅点菜后应尽快上菜、设备坏了在规定时间内修理完毕等，这些都是服务效率与质量的反映。有好的服务态度而没有丰富的业务知识和熟练的操作技能，就谈不上提高工作效率。只有认真钻研业务、提高技能，把为客人提供优质服务的良好愿望与扎扎实实的业务知识、业务技能结合起来，在技能技巧上精益求精，才能将优质高效的服务变为现实。

2. 钻研业务、提高技能是促进烹饪专业人才成长的重要条件

烹饪行业的迅速发展，需要大批有理想、有道德、有文化、有纪律的，专业知识丰富、操作技能熟练、外语口语能力强、具有一定管理知识和能力的人才。各烹饪企业之间的竞争，本质上是人才的竞争，或者说是技术水平和管理能力的竞争。现代烹饪饭店的特点之一是：应用先进的管理办法、现代科学技术和各种先进的设备。只有认真履行钻研业务、提高技能这一道德规范，培养造就一大批具有丰富专业知识和高水平的专业技能的烹饪人才，才能进行科学的管理，才能使用好现代化设备，才能给烹饪业的消费者提供高效优质的服务，才能使企业在竞争中立于不败之地。因此，努力培养高素质烹饪专业人才是

烹饪行业的战略任务。

烹饪行业的发展，为每一个烹饪从业人员提供了为祖国的科学发展和烹饪业的繁荣展示自己才能的广阔舞台，提供了比其他行业更多的发展机遇。但机遇只属于那些努力进取、事业心强、有知识、有本领的建设者。广大从业人员要认真履行钻研专业、提高技能这一道德规范，使自己成为合格的现代化烹饪专业人才。

三、钻研业务、提高技能的具体要求

1．要有强烈的职业责任感和崇高的职业理想

职业责任感是一种非常可贵和重要的道德情感。烹饪从业人员的职业责任感，首先表现在对客人的热忱服务和责任心上。一个烹饪从业人员没有起码的业务技能，不能给消费者提供良好的服务，是没有职业责任感、没有职业道德的表现。一个有强烈职业责任感的烹饪从业人员，会以主人翁的姿态在工作中倾注高度的职业责任心，会千方百计为消费者提供最佳服务。因此，他一定会自觉地、努力地钻研业务，提高技能，把自己的职业责任感体现在优质服务中。

钻研烹饪业务、提高专业技能，是一项艰苦的劳动，不仅需要有强烈的愿望，还必须有坚强的毅力和正确的目标，否则是难以持久和取得良好效果的。这种毅力，只能来源于崇高的职业理想和强烈的职业责任感。只有当从业人员热爱自己的职业，树立了为发展烹饪事业作出自己应有贡献的崇高理想，才会产生不怕困难、勤奋学习、刻苦钻研的动力。同时，还要经过职业生活的艰苦磨炼，才能形成坚强的道德意志，这样他就会像马克思所说的那样：如果我们选择了最能为人类福利而劳动的职业，那么，重担就不能把我们压倒。

2．掌握学习方法，刻苦钻研，不断进取

钻研业务、提高技能，不仅要有正确的动机和目的、良好的愿望和坚强的毅力，还要有正确的方法和刻苦钻研、不断进取的精神。各种知识技能的形成和发展都有一个过程。烹饪业的业务知识和各种技能的形成和发展，也有一个不断积累、继承和发展的过程。我们要学好烹饪行业的业务知识和操作技能，一是通过书本学习；二是虚心向同事、向老师傅、向一切可以做我们老师的人学习。

国外的烹饪行业也有很多可以学习借鉴的地方，他们积累了许多科学管理和合理经营的先进经验，对这些先进的、人类共同的知识财富，我们应该认真学习，努力吸收其中的养分，不断丰富充实自己。另外，在我们本行业、本部门之中，也普遍存在先进的典型、事迹和经验，这些都是最适合我国国情和本部门的实际的，必须认真学习、总结和推广。

烹饪行业是一项实践性很强的职业，理论与实践相结合是一条重要的学习原则。一切前人的知识、国外的经验以及当代的先进技术、科学方法，都必须在自己的职业实践中加以检验，因为实践是检验真理的唯一标准。前人的经验、他人的成果，凡是符合中国国情、适合我们烹饪行业的，我们都要认真学习，加以运用和发展。广大从业人员要在不断学习、创

造、总结和实践的过程中，掌握一套适合我国烹饪行业的管理方法和服务方式，努力走出一条适合我国国情的中国式的烹饪发展道路。

3．掌握过硬基本功，努力扩大知识面

在高度文明的社会里，厨师的业务水平高低往往能决定社会地位，因此厨师既应具备一定的理论基础知识，也应具备扎实的专业技能，诸如刀工技术、调味技术、操控火候水平，等等。简单概况，包括以下三个方面。

（1）良好的卫生习惯　卫生习惯是所有人都必须养成的，但对于厨师而言尤为重要。因为厨师的职业是给顾客创造美食，在创造美食的过程中，卫生是第一位的，没有卫生就谈不上营养和风味。

卫生习惯的养成主要包括两个方面。一是加工对象即厨师的个人卫生。如厨师工作时手上不宜戴首饰，防止金属污染；在接触原料或炊餐具之前或如厕之后要洗手，防止细菌传染；工作服要勤洗，保持干净整洁；不宜留长指甲，指甲缝里会藏污纳垢；炒菜时不能吸烟，防止烟灰掉在菜里。二是被加工对象的卫生，包括原材料的清洗加工和炊餐具的洁净。袁枚说：“切葱之刀，不可以切笋。捣椒之臼，不可以捣粉。闻菜有抹布气者，由其布之不洁也。”

（2）严谨的专业作风　专业作风体现在厨师行业的各个方面，“凡事不宜苟且，而于饮食尤甚”。这就是告诫厨师从事厨事必须严谨、踏实，具有良好的工作态度。厨师的严谨作风可以从两个方面来看：一是热爱餐饮工作。只有热爱这项工作才能认真地做好每一个环节，“厨者偷安，吃者随便，皆饮食之大弊”，就是对厨师严谨作风的最好注解。二是敬重本职工作，又称敬业。这不能简单地理解为厨师能够按时上下班、爱护单位的财产就是敬业。厨师的敬业包含着对餐饮顾客的尊重、做事时的态度专一。诚信经营是敬重本职工作的重要内容，俗话讲“王小二开店——看人兑汤”，实际上就是讲诚信经营的问题，应该做到童叟无欺。敬重本职工作还表现为尊重顾客。笔者曾在香港一家餐饮企业交流学习，凭自己的技术水平，制作菜肴时的调味都是一次到位，所谓“好厨子一把盐”，不需要在菜肴制作过程中通过现场试味来确定菜肴的味道。但是老板看见后就认为这不敬业，不尊重他的顾客。他认为厨师只有经过尝味后觉得菜肴的味道可以了，才能制作菜肴卖给顾客食用，这是对顾客的尊重。

（3）精湛的烹饪技术　一个厨师必须拥有精湛的技艺。技艺是需要时间积累的，因此厨师从涉足这个行业学徒开始，就应当虚心学习，刻苦训练。

图3-5　精湛的技艺来自学习

精湛的技艺来自于学习，因此虚心是第一要义（图3-5）。“子与人歌而善，必使反之，而后和之。圣人于一艺之微，其善取于人也如是。余雅慕此旨。每食于某氏而饱，必使家厨往彼灶觚，执弟子之礼。”这是袁枚对家厨学艺提出的要求，在今天同样有借鉴意义。虚心的学习态度是技艺进步的前提。“美誉之苦，不如严训之甘也。”这种谦虚的精神是技艺长进的动力。在技艺长进的过程中还要注意学习方法。“学问之道，先知而后行。饮食亦然。”提倡先认识并理解然后再去实践，这就是今天所说的理论指导实践。

第五节 遵纪守法、廉洁自律

遵纪守法、廉洁自律是烹饪业从业人员必须具备的基本品质，是烹饪职业道德的一项重要规范，是每个从业人员正确处理个人与企业、个人与国家关系的行为准则。国家关于烹饪行业的政策法令，是烹饪职业活动的出发点、过程和归宿，是本行业正常运行、发展的依据和保证，并对调节与职业相关的各种关系起着决定性作用。所以，政策法令常常是职业责任和职业道德的重要依据。例如“遵纪守法、廉洁自律”这一道德规范，就是依据《餐饮服务食品安全监督管理办法》《餐饮业食品卫生管理办法》中均提到“严格按照党的方针政策办事”“严格遵守并执行烹饪工作的各项规章制度和有关工作细则”提出来的。烹饪行业涉及的很多方面都有很强的政策性。例如，2019年年底新冠肺炎疫情发生以来，滥食野生动物带来的突出问题以及对公共卫生安全构成的巨大隐患，引起了社会各界的广泛关注。2020年2月24日，党的十三届全国人大常委会第十六次会议，会议表决通过了全国人大常委会《关于全面禁止非法野生动物交易，革除滥食野生动物陋习，切实保障人民群众生命健康安全的决定》。这就要求我们及时关注相关法律法规，要有执行政策法规的自觉性和意识。严格执行有关政策法令，既是行政规范和法律规范的要求，又是职业规范和道德规范的要求。

烹饪从业人员自觉遵守职业纪律作为一种道德行为，其价值在于职业纪律中包含着的把国家的、企业的利益看作是最重要的、高于个人利益的。烹饪行业的部门和环节众多，分工细微复杂，工作要求高，时间性强。职业纪律是保证各项职业活动正常开展，职业任务顺利完成的基本手段与重要措施。而遵守纪律的自觉性是维护、执行纪律的关键。自觉遵守纪律，是把遵守纪律视为应当的行为和义务，这就把纪律所特有的外在的强制性，转化为烹饪从业人员自己内在的一种自我要求，变成了一种自我约束力，也就把遵守纪律变成了一种道德要求，变成了一种品质和美德。

一、遵纪守法、廉洁自律的含义

遵纪守法、廉洁自律既是行政和法律的要求，又是道德规范的基本要求。纪律是社会各组织团体、企事业单位对其所属人员规定必须遵守的行为规范。制定纪律的目的，在于确立和维护良好的工作秩序和生活秩序。遵纪，就是遵守规定的行为规范；守法，就是遵守国家的法律、法规和政策。廉洁自律就是不贪不占、不损人利己、不损公肥私，就是以人民利益为最高利益。遵纪守法、廉洁自律作为行政、法律规范，是一种带有强制性的要求，作为道德规范，是一种自觉性的要求，并且是一种重要的道德品质。

没有规矩难以成方圆。国无法不治，民无法不立。人人守法纪，凡事依法纪，则社会安定，经济发展。倘若没有纪律的规范，失去法度的控制，各项秩序就无从保证，人们生存、发展的环境就会遭到破坏，人民群众就不可能安居乐业。包括烹饪行业，遵纪守法、廉洁自律风气已然形成，构建明纪、知法、守法烹饪行业已深入人心。我们每个烹饪从业人员更应该懂得遵纪守法的重要性、必要性，不管你从事哪方面的工作，不管你处在烹饪行业的最高层，还是最底层，不管你有多大的权力，都没有加害别人的权力，只要你在中国，都要受到法律的约束。守法，是道德的底线，是每个公民必须具备的品质，是现代社会对每个公民的基本要求，只有守法，才有可能成为道德高尚的人，所以说，守法是一个公民的立身之本，也是处世之本。遵纪守法是每个公民的基本准则。作为我们这样一个大国，大力弘扬法治精神，增强公民的法律意识，对于稳定社会秩序，维护国家利益，实现长治久安，具有重大的意义。

社会是由人与人组成的，作为个体，每个人的利益、处境、想法、兴趣都不一样，这就需要我们大家有共同遵守的法纪。有了纪律和法律，就有了规矩，才能有公平、公正和秩序。而大家都遵纪守法，社会才能和谐，每个人的生活也才能安稳。如果大家都自行其是而不顾忌社会规范，社会就没有了秩序，每个人的利益也得不到保障。“以遵纪守法为荣、以违法乱纪为耻”构成了社会主义道德的鲜明指向。它是平凡的，也是现实的；它为我们树立了正确的方向和标准。因此，我们要自觉遵纪守法，在行动上时刻维护国家利益，决不做有损于国家和民族尊严的事情。每一个具有道德良知、法纪意识的公民，都应自觉地拿起法纪这一有力武器，与各种违法乱纪行为作坚决的斗争。大家齐心协力，才能营造出这样一种社会状况：遵纪守法的人感到光荣、自在，得到尊重和支持；违背法纪的行为被斥责、抵制，个别违法乱纪之人被绳之以法。到处井然有序，人人崇尚法治，这样的社会才会令人向往，才充满生机和希望。在日常生活和工作中，要从身边小事做起，并且做好做细，美丑之分点滴养成，善恶之辨细节规范。一滴水可以看到太阳的光芒，聚沙成塔，积水成渊，绝不要“因善小而不为，因恶小而为之”；要从现在做起，万事开头难，千里之行，始于足下。

二、遵纪守法、廉洁自律的重要性

遵纪守法、廉洁自律是每个公民应尽的义务，是建设中国特色社会主义和谐社会的基石。改革开放以来，我国经济、政治、文化和社会都发生了翻天覆地的变化。在享受改革开放成果的同时，我们应该清醒地看到，在物质文明和精神文明方面，在经济建设和社会发展上，还没有做到和谐发展。这给社会带来的后果，不仅仅是道德理想缺失，最可怕的是对中国文化中底线伦理的突破。其表现就是荣辱颠倒，社会公民内心羞耻感和罪恶感淡化以致消失。没有了羞耻感的人，什么不要脸皮的事都干得出来，对任何羞辱的事情都表现出无所谓，甚至麻木不仁。没有了罪恶感的人，就什么也不怕，什么都敢干，目空一切，肆无忌惮，胡作非为。人一旦没有了罪恶感，不知羞耻，做人就难以做好人，办事就很难办好事。与此同时，社会上损人利己、见利忘义、违法乱纪、骄奢淫逸现象便会被一部分人引以为荣，而为民服务、艰苦奋斗、辛勤劳动反而会变得“不好意思”。这显然和建设社会主义和谐社会是背道而驰的。因此，我们要坚持“以遵纪守法为荣，以违法乱纪为耻”的道德标准，始终做社会主义国家的合格公民。

作为烹饪行业从业人员，在当今形势下，带头遵纪守法、廉洁自律，对整个社会良好道德风尚的形成和文明程度的提高都具有十分重要的意义。因此，遵纪守法、廉洁自律是自觉的行为，要转化为自身的实际行动。只有烹饪行业从业人员自觉地遵纪守法、廉洁自律，自觉维护清正廉洁的烹饪环境，才能为完成构建社会主义和谐社会的重大任务贡献我们烹饪从业人员力量。

1. 遵纪守法、廉洁自律是烹饪行业开展正常职业活动，搞好企业经营管理的重要保证

纪律是任何组织、团体、企业开展正常活动的保证。烹饪行业由于自身特点，为了保证烹饪职业活动的正常开展，保证服务工作的完成和服务质量的提高，必须有严格的纪律。遵纪守法是烹饪业重要的职业道德规范，需要每个员工认真执行、严格遵守。如果不遵守纪律，企业将是一盘散沙，基本的职业活动无法开展，经营管理也难以进行。即使是少数人不遵守纪律，也会给整体工作带来很大困难。如果出现违法行为，给工作带来的危害就更大。

2. 遵纪守法、廉洁自律是贯彻执行国家政策法令、正行业不正之风的重要保障

烹饪行业服务的主要对象除内地同胞之外，还有外国人，华侨，港、澳台同胞等宾客。因此，烹饪的职业活动既是经营活动，又是外事活动。一方面要树立经济观念，讲究经济效益；另一方面要树立政治观念、法纪观念，认真执行国家的有关政策法令、法规，为我国的对外开放政策和外交政策服务。

由于烹饪行业的性质，从业人员接触的人和事是多而杂的，与外界社会的接触也是很广的，时常会受到各种错误思想、腐朽观念和不正之风的影响，这些有害的东西会腐蚀烹饪行业队伍的健康肌体，败坏烹饪行业的风气和声誉。因此，遵纪守法、廉洁自律这一道德规范，对于纠正行业不正之风，维护行业声誉、促进烹饪专业人才队伍的健康成长是非常重要的和必不可少的。

三、遵纪守法、廉洁自律的具体要求

改革开放以来，我国的烹饪行业健康地发展，在国际上赢得了较好声誉。同时，一支具有较好思想素质、道德素质和业务素质的专业队伍也在逐渐形成和壮大，这是主流。但是，由于接触面广、流动性大、享受性强、消费档次高，员工经手的物多、钱多，形成了一个特殊环境。在这种环境中，由于少数从业人员思想觉悟低，缺乏职业道德，无视法纪，一些带

有行业特点的不正之风在有的地区和单位时有发生。其表现为：私分财物，贪污营业款，偷吃、偷拿企业或客人物品；慷国家之慨，取悦客人以达到个人目的；克扣客人，以谋取私利，等等。这些不正之风有很大的危害性，它损害了消费者的利益，损害了社会主义祖国的形象，损害了烹饪行业的声誉，降低了服务质量，腐蚀了员工队伍。

处于烹饪第一线的从业人员，如果思想觉悟不高，法纪观念淡薄，抵御能力不强，就会受到污染和侵蚀。作为厨师人员，政策观念一定要强，要勇于坚持原则，只有这样，才能加强自身的职业义务感和使命感，有效抵制各种不正之风，使自己避免沦为一个丧失原则，认钱不认方向、一切向钱看的拜金主义者。服务性和无私性特征决定了厨师人员在从业过程中必须摆正自己的位置，以国家和集体以及顾客的利益为重，廉洁奉公、诚信自守。随着改革开放的不断深入，厨师人员所要面对的不再是单纯的厨技，而将是一个越来越复杂的世界，这就要求厨师人员要具备越来越高的素质。因此，加强遵纪守法、廉洁自律教育势在必行，这也是职业道德对每一个从业人员最起码和最基本的要求。

以身作则，遵纪守法，廉洁自律，自觉抵制腐败，自觉摒弃不良的习惯，做清正廉洁的干净人。一是要加强学习，提升思想境界。通过学习，自觉遵守法律法规，远离红线，不碰“高压线”，防微杜渐警钟长鸣，严格遵守相关规定，严于律己，不贪小利小惠，带头令行禁止，旗帜鲜明、态度坚决地维护党纪国法权威。二是要把握“人情”尺度，慎重“朋友”交往。现实生活中，要慎交朋友，处世处事要有敏锐性和鉴别力，要自觉净化“朋友圈”，有些“朋友”要“拉黑”，这些都是坚守廉洁自律不可忽视的环节。当同学、朋友有求于你的时候，当老师、“上司”暗示你的时候，当情浓于水的父母或兄弟姐妹向你开口的时候，当“枕边风”向你吹来的时候，我们难免会为之动情，又怎能会无动于衷？此时此刻！靠的就是顽强的意志，靠的就是坚定的信念，靠的就是对纪律法律的敬畏，坚决不利用掌握的权力和工作之便谋取私利，不贪污受贿；不索要小费，不暗示客人赠送或代购物品，客人主动赠送而又婉拒不了的物品，要及时上交；经手物品千万件，不从中捞取一针一线，过手货币千万元，不私占一分一厘。真正做到“常在河边走，就是不湿鞋”，始终保持廉洁清白，“一尘不染，两袖清风”。三是要加强廉洁自律教育，消除不廉心理因素。加强廉洁自律教育，使烹饪从业人员消除不廉心理因素，从思想上提高拒腐防变能力，以达到增强其廉洁自律能力的目的。廉洁自律不否定对个人利益的合理追求，但是坚决反对个人私欲的无限膨胀。四是要自觉遵纪守法，主动接受酒店饭店监督。厨师虽然权力不大，但权力一样存在。法国思想家孟德斯鸠说过：“任何有权力的人，都易滥用权力，有权力的人使用权力一直到遇到有边界的地方为止。”这是万古不易的道理，从事物的本质来说，防止滥用权力就必须以权力约束权力。五是要警钟长鸣。要让鲜活案例触及灵魂，使每一位烹饪从业人员不能有“看客”心理，更不要当“吃瓜群众”，要结合相关案例举一反三，吸取教训，联系自己的实际工作，结合自身的职能职责，常思贪欲之害，常怀律己之心，时刻反思这些问题在自己身上有没有“曾经出现”或“一闪而过”，如果不能正确认识和对待手中的权力，如果不时刻自重自省自警，就很容易陷入一款适合你的套路，就会成为不法分子囊中“猎物”。比如，近年来，后厨采购一方面金额大、质量要求高；另一方面集中采购业务直接面向供应商乃至整个事项，影响较大，因此采购业务进行风险诊断、警钟长鸣，并提前开展案例教育，让从业人员心生畏惧就显得尤为必要。

我们每一个烹饪从业人员都应当清醒地认识做一名合格的烹饪工作者。反对和纠正带有行业特点的不正之风，坚持原则，同违法违纪现象作斗争，提高思想觉悟、抵制精神污染，不断提高自身的职业道德规范，做到拒腐蚀、永不沾，做一名合格的社会主义烹饪工作者。

第四章

烹饪职业道德素养的养成

第一节 烹饪职业礼仪

中国素有“礼仪之邦”之称，“礼”在传统社会无时不在，出行有礼、坐卧有礼、宴饮有礼、婚丧有礼、寿诞有礼、祭祀有礼、征战有礼，等等。据文献记载，早在周代，烹饪礼仪已形成一套相当完善的制度。后来，烹饪礼仪因为孔子的推崇而逐渐成为历朝历代表现大国之貌、礼仪之邦的重要方面。

一、厨师本人的礼仪

厨师应当仪表端庄、仪态大方、精神饱满、举止得体、微笑服务、自尊自爱。服饰得体、鞋袜清洁、发型整齐美观，修饰得当，毛发不外露，女性厨师上岗时间不得涂抹指甲油，佩戴戒指等饰物，更不应留长指甲。在具有展示性的操作间工作时，厨师工作时不能出现不文雅的举止，例如挠头皮、挠痒、打喷嚏、打哈欠等，手不能随便触摸其他物品，避免给顾客留下食物不卫生的感觉。

二、对待顾客的礼仪

一是真诚服务，用心对待。对待客户，只有用发自内心的热情和真诚的服务才可能使客人感到亲切和愉快。就像著名饭店创始人希尔顿先生说：“我宁愿住在只有破旧的地毯和简陋的环境里，也不愿走进只有豪华设施，却没有真诚微笑的地方。”对待顾客要努力使其达到满意为标准。因为客人来自四面八方，饮食习惯也千差万别，作为厨师，要尽可能根据客人的喜好来调整菜品，尽可能地让食客满意。只有顾客满意，企业才有效益，厨师的工作才能得到别人认可。所以，对待客人一定不能马虎、应付，要抱着认真的态度对待每一个菜品。

二是注意就餐礼仪。当客人就餐时，厨师应当注意最基本的就餐礼节礼貌，以免顾客消极遐想到饭菜卫生程度。后厨和客人接触时，应当注意掌握文明用语，能够主动招呼顾客，向顾客致歉致谢。同时要学会认真倾听顾客提出的问题意见，并做出得体的应答。

三是学会换位思考。尽可能体谅体会顾客的心理，用得当的方式迎合顾客需求，同时不要介入顾客的私人谈论话题，切忌对客人评头论足。

三、厨师工作规范

1. 后厨各项工作位置的确定

考虑到前厅与后厨的位置是首要任务，客人出入口及方向不能与出菜、回收碗盘的路线相同，这样会导致流向混乱、造成人员迎面相撞的危险，最好设置在不同的地方。

餐厅分区应为：中间是工作区，两旁则为蒸炒区和洗碗区，这样整个厨房布局就会更加合理。

水槽是重要的工作点，把冰箱规划在水槽附近，让烹调前的准备工作更容易。同时，水槽靠近炉具，也方便要沥干煮好的面条和蔬菜。

2. 后厨人员健康证的办理

健康证是必须有且不能疏忽的首要条件。健康证是健康检查证明，证明厨师进行了健康检查。它主要涉及五个行业六种疾病，在很大程度上保护了从业人员和服务对象的健康。国家也做了严格的相关规定：

（1）市场监督管理部门定期开展对餐饮单位、公共场所从业人员健康证持证情况专项整治工作。对无证上岗人员实施责令限期改正的行政处罚。执法人员要坚持教育与处罚相结合原则，寓服务于监督之中，耐心进行食品安全相关内容的宣传教育。

（2）为保证广大消费者行使监督权，市场监督管理部门应要求从事餐饮、理发、浴池等服务行业的人员在工作期间佩戴健康证。

（3）经营者和服务人员要明确持证上岗的重要性，自觉主动地参加每年健康体检和食品安全知识培训。

因此，厨师作为与食品直接相关的职业，更要注重健康证的办理情况。

3. 及时清洁水池

厨房的水池洗菜和洗碗需要分开，不然很容易沾染油垢。洗碗池清洗时可以使用专门的清洁剂，或者在有油污的地方撒一点盐，用废旧的保鲜膜擦拭，再用温水冲洗，也会起到清洁的效果。下水处的水盖也最好用温肥皂水浸泡一分钟，达到理想的去污效果。

4. 保证砧板清洁

砧板是切肉切菜的工具，很容易产生细菌，还容易产生异味。可将醋与温水混合，然后倒在已经铺好纸巾的切菜板上放置一段时间，砧板上的污垢会比较容易清除，还可以起到消毒杀菌的作用。

5. 保持锅盖清洁

锅盖用久了，会沾染一层油垢，用洗洁剂擦洗不容易洗干净。有一种简捷有效的方法：在锅内放少许水，将锅盖反盖在锅上，水烧开（可放一点洗洁精），让蒸汽熏蒸锅盖。油垢变得发白柔软后，再用软布擦拭，锅盖就干净了。

6. 清洗排风扇

后厨的排风扇只要偶有不清洗就会满是油污，就再也难以清除干净，从而会导致油烟排放受到影响。对于小尺寸排风扇来说，可以每月在热肥皂水中浸泡一次，然后擦洗、冲洗和晾干，记得每周擦拭通风罩。

7. 确保食材源头安全

食材的采买是很重要的，不能只关注价格，质量等方面都是不能忽略的因素。比如，采买的市场是否正规，种植环境是否合格，是否用合格的肥料等栽种；是否是有机产品，是的话有没有贴有机蔬菜标识等。食材好，才能做好菜，食客吃得也更放心。

8. 与食客面对面沟通

国内的中餐厨师每天在后厨工作，往往不会与食客见面，其实身为厨师长或总厨，要多与食客进行面对面的交流，才会知道自己的优点与不足，扬长避短，才能将菜品烹调得更加深得人心。多与食客沟通，也可以为厨师创新菜品挖掘新的思路。

第二节　生活礼仪常识

烹饪从业人员除了掌握和遵循自身职业礼仪之外，也应主动学习和了解与自己行业相关的礼仪常识，以增进对行业整体礼仪知识的了解，以免发生误会，贻笑大方。

一、用餐礼仪

食客，是烹饪从业人员的直接服务对象。了解和掌握食客的用餐礼仪，不仅有利于增进和食客的感情，也对烹饪从业人员日常生活大有裨益。

1. 中餐——把盏举箸，礼始饮食

①社交宴请，宜选择环境幽雅、卫生良好、设施完备、交通方便的餐厅、酒楼。

②应邀参加聚餐时，着装要得体大方，符合就餐场合及时间，重视仪容、仪表、仪态体现出对自己和别人的尊重，并且要准时赴宴。一般宴会都会请客人提前半小时到达。若因故在宴会开始前八分钟或十分钟到达，也不算失礼，但迟到就是非常失礼，表示你对主人的不够尊敬。如若迟到，则应表示歉意。

③首先跟主人打招呼，同时对其他客人（无论是否相识），都要点头微笑示意或者握手问好；对长者要主动起立，让座问安；对女宾要举止庄重，彬彬有礼。

④点菜时，应是量入为出，心中有数，不乱点，不铺张浪费。这样既显热情，又显实在，与现今“光盘行动”相融。客人可以向主人表示自己没有什么特殊要求，请对方随便点；也可以认真点上一个不太贵的菜，再请其他人点，这是最得体的办法。

⑤在宴请中，要注意按年龄、辈分高低为序排列桌次和位次，主动把上座留给尊长。最好摆放座位牌供客人确认自己的座位。

⑥宴会即将开始时，主人或长者应安排众人入座。要听从主人或招待人员的指派，按要求入席。宜于主人、主宾之后就座，或与大家一道就座。抢在他人之前就座，是有失风度的。客人要在主人示意开始用餐后才可以动筷子。

⑦在餐桌上与人沟通交谈时，应礼貌地暂时放下筷子。

⑧湿巾，只适宜用来擦手，不宜用来擦脸、擦嘴、擦汗。

⑨进餐时，不能敲打餐具发出声音或用餐具指向别人。在取菜时，宜选用公筷搛菜，不宜翻来覆去、挑挑拣拣。用餐的速度不宜过快或过慢，最好能与同桌其他人基本同步。用餐动作要文雅，应注意吃相，不可摇头晃脑、宽衣解带；说话尽可能地降低声调，多人就餐应注意礼让。在用餐前后，可适时进行交际活动。宴会结束，待主人、主宾离座后，方可离开。代主人付账，应事先征得同意。

⑩宴会未结束，不可随意离席，要等主人和主宾用餐完毕先起身离席后方可离席。散席时，要与主人道别，不要悄无声息地离开。

注意：女士用餐前最好先拭去口红，以免餐具留下唇印。将剩余食物“打包”，绿色消费更得体。

2．西餐——舞刀弄叉，何妨优雅

“西餐”最初是我国及其他东方国家人民对欧美等西方国家菜肴的一个统称，由于地域及历史文化相近，欧美各国在菜点制作上便有了许多共同之处，东方各国人民就习惯地统称其为“西餐”。至今，在欧洲人的眼中，一个人进餐时所表现出来的礼仪往往成为判定其受教育程度的重要标准。

①到西餐厅进餐或受邀到外国朋友家吃饭时，首先应注意长辈及女士优先的原则。晚辈和男士应主动给长辈及女士拉开座位让其就坐，待女士坐稳后自己再入座，这是一种礼貌及绅士的表现。西餐厅的座椅一般是直角高背座椅，最好从椅子左侧入座，落座后保持身体端正，背部稍微靠近椅子背，身体与餐桌的距离以能方便使用餐刀叉为宜，不要离得太远或太近。落座后，应待主人打开餐巾后，其余宾客再将餐巾展开对折或对角折，折棱朝自己，平铺在双腿上。

②点菜时女士优先，此时男士可将注意力转移到一边，不要盯着女士或菜单看，否则显得小气；如果很少去西餐厅吃饭或对餐厅菜肴不熟悉的话（尤其是纯外文的菜单），可让同行的朋友或服务员给自己一点建议，切忌不懂装懂，否则自己点的菜肴说不定会很不合口味，吃着不舒服且不说，西方人还认为餐盘里剩较多食物是对厨师不礼貌的一种表示，遇到这种情况厨师会出来问你剩菜的原因。在德国，剩下的菜肴若不打包带走，还有可能面临罚款。

③右手持刀，左手持叉，刀叉同时配合使用，这是进食西餐的基本功。使用餐刀和餐叉时，上臂靠在桌边，肘部稍靠近肋骨部位。不要向外横分，这样既不好看，也容易撞到身边的客人。两只手腕适当用力配合着切割食物，不要互相撞击或与盘子摩擦发出声响。取用刀叉时，应按照由外向内的顺序，吃一道菜换一套刀叉。席间谈话可以拿着刀叉，但在做手势时必须放下。刀叉掉落地之后便不宜再使用。

切割牛扒、羊排、猪扒等大块肉类时，用餐叉叉在肉块左部适当的位置，切割成合适的大小后直接将肉送入嘴中。不要从右边切下一块后将叉子抽出，再将肉块叉住后送入嘴中，更不要将肉扒先用刀分割成若干小块，放下餐刀，用餐叉一块块叉起来吃。

吃菜时遇到有骨头、刺或核时，能用刀叉去掉的尽量使用刀叉，若吃到嘴里要吐出来，则用刀叉或手接住放在盘边，不要吐在桌子或地上。吃整条鱼时，吃完上半面，用刀叉将鱼骨去掉放在盘边，再吃下半面，不要将鱼翻面来吃。喝汤时不宜发出声响；若汤较热，可试温，但不宜用嘴吹，更不宜用匙拨弄。

④吃饭途中若要离开或休息片刻，要将刀叉呈八字形搭在盘边，刀刃朝向自己，将餐巾放在椅子上，或让它在桌缘边下垂一角，表示还要继续用餐。用餐完毕，将刀叉平行摆放在餐盘正中，表示用餐完毕。

⑤要擦嘴的时候，先将刀叉放下，两手拿起餐巾擦嘴，不要一手拿刀叉，一手拿起餐巾擦嘴，嘴里有食物时不要说话。喝酒时，也要将刀叉放下，不要左手拿叉子、右手拿酒杯喝酒，祝酒干杯时，即使不会喝酒，也要将杯口放在嘴上碰一下，以示敬意，不要劝酒，若他人酒杯中的酒没有喝完，不要主动去帮忙添加。

⑥吃饭时要与身边的人交谈，不要光顾着吃，但说话声音要低，尽量不与远处的人大声交谈，更不能像平时吃饭那样侃侃而谈，大声喧哗。

⑦吃饭时不要在餐桌上化妆、抓头、剔牙、擤鼻涕，更不要打嗝，西方人最忌讳打嗝，如果忍不住打了，应立即道歉。不宜用餐巾擦汗、擦桌子、擦餐具等。需要服务员服务时，不宜高声大喊，适宜用眼色或举手示意。

⑧宴请国外宾客还应注意时间的安排，如西方人对13号尤其是13号的周五较为忌讳。

⑨在欧美国家，用餐完毕后一般要付给服务员小费，金额为账单的10%左右，支付小费也是一种礼貌的表现。

⑩参加正式宴会，不要缺席和迟到，否则很不礼貌，也不要早到（尤其是赴家宴的话，可能主人还在准备菜品、梳洗打扮），提前3～5分钟到场最好。进餐前，如果主人要祷告，即使无宗教信仰，最好也一同低头，以示尊重。

注意：品尝西餐时要尽量安静。

3．料理——和敬清寂，传承唐风

（1）日本料理　传统上的日本料理有本膳料理、精进料理和茶怀石。本膳料理源于贵族、武家时代，江户时代简化为会席料理；精进料理原为僧侣在法事等场合的料理，不用鱼、肉，以蔬菜为主的素食；茶怀石起源于禅宗，主要以品茶为主，如今主要注重形式。现在提到日本料理，一般是指大众化的会席料理。日本料理不像中国菜分成若干菜系，只是在若干个类别里面，因地区不同而各有千秋。日本人在用餐时候的礼节比较复杂，一般国人在初次接触日本人时候要注意入乡随俗，留意中日餐桌礼仪的不同之处。

①日本人在用餐之前及之后都要高声表达两种感受，用餐前要说“いただきます”“Itadkimasu!”，意思是欣赏这顿饭食；用餐后要说“ごちそうさまでした”“Go-chiso-samadeshita!”意思是感谢款客者预备这顿极美味的饭食。

②日本人用餐之前所摆放的筷子跟中国不同，日本人在餐桌上筷子是横着放的，是一种习惯。日本人平常吃饭都是一人一份，有时还把饭、菜、酱汤放在一个木制托盘里。在家里也是一样，所以鱼也是一人一块或一条。

③让菜的方式，中国和日本各不相同。日本人一般没有给别人夹菜的习惯，不管是客人还是家里人，自己吃自己的。一般来说，日本人认为将上桌的饭菜全部吃净是向对方表示礼貌。这与在中国不同，在中国饭菜的量以客人吃不完剩下为宜。

④在用餐期间，中国传统的餐桌礼仪大概是要求吃饭时应无声无息，可在日本面馆里，这将绝对是一种失礼的表现。日本人的用餐礼仪似乎很严厉，但日本人容许狼吞虎咽式吃法，这吃法甚至令其他国家的人感到惊讶。例如吃寿司，日本人习惯赤手拿着寿司浸一浸豉油，然后直接放入口中，他们不会用筷子吃寿司；又如吃面，日本人直接从汤碗把面吸啜入口，且必会发出响声，依据日本人的习俗文化，吃面时发出响声是表示面食味道很美，亦是对厨师表示赞赏的方式。

⑤日本人的一餐饭食包括一碗饭、一碗味噌汤、两道或三道菜肴，配菜越多，那顿饭便越够体面，若有数道菜肴端上餐桌，已令客人颇难选择先品尝那一道。用餐的正确次序是先喝一小口热汤，后吃那道菜也可，但不要只集中吃光同一道菜肴，应顺序循环吃每道菜肴，使各份比例均等，才可同一时间吃光所有菜肴。

⑥按照日本人的风俗，饮酒是重要的礼仪。日本人接待亲朋好友时，使用传统敬酒方式，主人在桌子中央摆放一只装满清水的碗，并在每个人的水中涮一下，然后将杯口在纱布上按一按，使杯子里的水珠被纱布吸干，这时主人斟满酒，双手递给客人，看着客人一饮而尽。饮完酒后，客人也将杯子在清水中涮一下，在纱布上吸干水珠，同样，斟满一杯酒回敬给主人。这种敬酒方式表示宾主之间亲密无间的友谊。

斟酒时，日本人的礼貌习惯是以斟至八分满为最恭敬客人。一般普通的日式酒馆，气氛随和且轻松，同行顾客都会互相为对方倒啤酒。如果一群人去喝酒的话，第一杯要等大家举杯说“干杯”后才能喝。日本人的斟酒也很能讲究，酒杯不能拿在手里，要放在桌子上，右手执壶，左手抵着壶底，千万不要碰酒杯。主人斟的头一杯酒一定要接受，否则是失礼的行为。第二杯酒可以拒绝，日本人一般不强迫人饮酒。日本的“祝酒”指的是一顿正统的日式饭时通常备有日本米酒，日本人喜欢在用餐时喝米酒，他们通常会在互相祝酒后才开始用餐，即使客人不想喝，款客者都希望客人会假装喝一小口。另外，在中国或许因地区而略有不同，但一般认为就餐时多次干杯，而且喝干杯中酒是关系好的表示。而在日本，干杯一般仅限于就餐开始时。而且，虽然嘴上喊着干杯，但杯中的酒不一定一气喝干，多是形式上的干杯。而中国多是一口气喝完。

无论是中国人还是日本人喜欢喝啤酒的人很多，但斟啤酒的方式不同。中国人斟酒时尽量不让啤酒起沫。日本人往往与此相反，泡沫越多越好喝。而且还讲究啤酒的凉度。啤酒的饮用温度夏季以5～8℃为宜，冬季以10～12℃为宜。

⑦日本人深爱喝茶，在同一餐的不同时间会端上不同种类的茶。一般来说，用餐之前会端上绿茶，用餐期间及用餐之后会端上煎茶。

（2）韩式料理

①韩式料理的用餐礼仪比较简单，但细节中体现了大韩民族的文化与历史背景。韩国经

历了很长时间的封建帝王统治，因此等级观念色彩非常浓，长幼有别、男尊女卑。虽然在现代社会已经有所改变，但长时间的传统思想，还是根深蒂固影响着人们，从用餐中就不难看出。

②首先与长辈一起用餐时，如果是坐矮腿小桌，一定要脱鞋，千万不要因为不习惯而伸直腿，一定要盘腿而坐，男人可以盘腿，孩子最好是跪地坐在自己的小腿上或跪地侧坐；用餐时要等长辈先动筷子，然后才能进餐；用餐速度要与长辈协调，不能快也不能慢，要等长辈用餐完毕，晚辈才能结束用餐。当长辈放下汤匙和筷子，一般证明长辈已经用餐完毕。

③用餐时不能端着碗吃饭，中国的用餐习惯一般是端碗吃饭，在韩国，这样的行为不雅。韩餐中用汤的礼仪：韩餐中一般都有汤，要先喝一口汤再吃其他食物，喝汤时用汤匙，韩餐中的汤里都会有很多的菜，但不能用筷子捞汤中的菜。用汤匙时，不同时用筷子，用筷子时，把汤匙放在桌子上，餐具不能搭在碗上。

④勺子在韩国人的饮食生活中比筷子更重要，勺子负责盛汤、捞汤里的菜、装饭，筷子只负责搛菜，不管你汤碗中的菜怎么用勺子也捞不上来，也不能用筷子，不要用匙和筷翻腾饭菜，不要挑出自己不吃的食物和作料，也不要让食物粘在匙和筷上。

⑤汤匙和筷子不能同时抓在手里，不要把匙和筷子搭放在碗上，使用筷子时要把汤匙架在饭碗或其他食器上，筷子不夹菜时，传统的韩国式做法是放在右手方向的桌子上，两根筷子要拢齐，三分之二在桌上．三分之一在桌外，主要是为了便于拿起来再用。

⑥用餐时不要出声音，咀嚼声音要小、尽量不谈商业话题，也不要让匙和筷碰到碗而发出声音，给长辈倒酒时得用双手，喝时得侧身手掩以示敬意。

⑦共享的食物要夹到各自的碟子上以后吃，醋酱和辣酱也最好拨到碟子上蘸着吃。

⑧用餐时，不要漏出嘴里的食物，不能咽的骨头或鱼刺，避开旁人悄悄地包在纸上扔掉，不要直接扔在桌子上或地上。

⑨用餐不要太快也不要太慢，要与别人统一步调，与长辈一起用餐时，长辈先起身离开后，才可以起身；用餐后，汤匙和筷子放在最初位置上，表示有始有终。

4．自助餐——随心所欲，食亦有道

①进入自助餐厅后，首先要找到座位，而不要先急于找寻餐台在哪里。

②前往取餐时，应将餐巾打开放在椅子上或椅子扶手上，表示此座已有人坐了。

③取餐每次只拿一种，不宜多种混在同一盘中。

④取餐时要注意尽量避免把食物掉在餐台上、汤汁洒在汤碗外。

⑤每次取餐应换新的盘子，不要拿用过的餐盘再去取菜。

⑥同桌用餐者并不一定相识，不妨主动自我介绍以示友善，谈话也以轻松、幽默之话题为妥。

注意：取餐一次不宜太多，以免造成浪费。可适当照顾他人，但顾名思义是“自助”，因而不宜越俎代庖。

5．饮酒——美酒敬“佳人”

①在主人或服务员斟酒时，不要忘记道谢。必要时，还需起身站立，或欠身点头行礼。

②敬酒时，应表达祝愿、祝福的话。

③在他人敬酒或致辞时，应停止用餐或饮酒，认真倾听。

④提议干杯时，宜起身站立。

⑤男士不宜对女士提议干杯，晚辈、下级不宜对长辈、上级提议干杯，可以说：“请允许我敬您一杯”。

⑥敬酒不宜过量，要适可而止，以免令人尴尬。

⑦假如因为生活习惯和健康等原因不能饮酒，可以向大家表明自己不能饮酒的原因，或主动以其他饮料代酒，或委托亲友、晚辈代为饮酒。

⑧他人为自己斟酒时不宜强硬推辞。

注意：中餐进餐时，主人亲自敬酒后，应当回敬主人。西餐宴会上，常常是只祝酒不劝酒，只敬酒而不真正碰杯。

6．品茶——茶中自有真性情

①在上茶之前，最有诚意的做法是询问客人有何偏好，多备几种茶叶，供客人选择。

②向客人献茶时，应双手捧杯，递给客人，并轻声告知：“请用茶。”此时，客人也要双手接过茶杯，并表谢意。

③若来客较多，则应严格遵守奉茶的顺序，给来客一一上茶。奉茶要先客人，后主人；先主宾，后次宾；先女士，后男士；先长辈，后晚辈；先上级，后下级。

④奉茶要小心，不可将茶杯碰到客人；尽量不用单手上茶。

⑤一般为客人奉茶不宜过满，最好只倒七八分满。

⑥要为客人勤斟茶，勤续水；当主人为自己续水时，应以礼相还，通过点头致意、行叩指礼或欠身施礼的方式道谢。

注意：品茶要小心啜饮，细细品味，最好每饮一口茶后，使其在口中稍作停留，再慢慢下咽，这样才能满口生香 。除功夫茶外，不宜将茶一饮而尽。

7．咖啡——喝出您的品位

①饮咖啡时，不宜大口喝下，而应仔细品味，举止优雅。

②给咖啡加入糖或冰块后，应用小匙沿周边将其搅匀，然后，将小匙放在碟子上。

③如果咖啡太烫，可用小匙轻轻搅动，使其降温，不宜用嘴去吹。

④不能用匙舀咖啡来喝，而应端杯饮用，但不需要将下面的碟子一并托起。

⑤甜点与咖啡不宜同时享用。吃点心时，应先放下咖啡杯，吃完后，再继续饮用。

注意：一般在社交场合中，咖啡的饮用数量在一杯至三杯之间。喝咖啡时小匙不宜放在杯内。

二、服务礼仪

烹饪是技术性和服务性相统一的职业。服务礼仪中既蕴含着服务行业的职业礼仪，也包含着日常生活中我们所需的常见礼仪，因此也是烹饪从业人员必须了解的基本礼仪知识。

在服务实践中必须做到：

1．顾客永远是对的

这句话是伴随着市场经济的迅速发展、消费者权益运动的日益高涨，由西方企业界提出来的，是“顾客就是上帝”这句口号的具体体现。这句话真正的含义并不是说，顾客真是对的，而应该让他觉得，他是对的。

2．视顾客为亲友

只有用高质量的情感服务接待每一位顾客，才能使顾客以更大的热情对你的单位予以关注和支持，单位和顾客的关系才能步入良性循环轨道。在服务实践中，对顾客以亲友相待，应以微笑的面孔、百倍的热情欢迎每一位顾客的光临。在为顾客服务中，应该想顾客之所想，体察顾客心理，解决好顾客的各种难题。

3．把顾客视为单位的主宰

单位把顾客作为单位的主宰，既是由单位的经济属性，即谋求更高盈利的原始经营动机决定的，也是社会属性决定的奉献和获取经济利益相统一的服务理念的具体体现。

4．强化现代服务理念，提升服务品位

理念支配人的行为，服务理念决定着企业的服务面貌。市场经济的发展，带来企业服务竞争的升级，迫切要求企业迅速更新理念，在现代服务理念支配下，把服务问题提高到战略高度来认识，在服务上不断追求高目标，提升服务品位，创造服务特色。

服务是以劳务形式来满足他人某种特殊需要工作。全社会的成员都是服务者，也都是被服务者。服务他人是全社会成员的社会职责。

而在餐饮行业中，服务理念是指服务人员在与一切单位利益相关的人或组织的交往中所体现的为其提供热情、周到、主动的服务的理念。顾客是单位经济的来源，服务人员工作的优劣主要应以在顾客面前的表现和顾客的满意程度来衡量，因而，服务人员应树立顾客第一的思想，要始终站在顾客的立场上考虑客人的需求，从而提供顾客满意的服务。

餐饮服务人员服务理念的主要表现如下：

①热爱服务工作，以为顾客服务为荣。

②眼观六路，耳听八方，随时准备迎接顾客可能传递来的需求信息。

③当顾客走向餐饮服务人员的位置时，无论餐饮服务人员在干着什么，都应暂时停下来先招呼顾客。

④初识介绍后，应尽量记住顾客的姓名和职务，便于以后主动打招呼。广泛了解和严格尊重客人的风俗习惯，使之有宾至如归和他乡遇知己的感受。

⑤认真倾听、热情回答顾客提出的各种问题。注意掌握“女士优先”的原则。

⑥如果顾客问到自己不太清楚的问题，切勿搪塞或答不知道，而应回答“请稍等”，然后向有关部门咨询或引导到有关部门。

⑦坚持站立服务。

⑧对顾客热情服务是无条件的奉献，不能也不应有企求报答的要求。

⑨工作中与顾客发生不愉快或遇其他事故，不应与之争辩，而应婉言解释或报上级处理。

⑩不能使用客用电梯、卫生间，上下班从职工通道出入。

5. 具有强烈的组织纪律观念

组织纪律是整个餐厅服务的流程畅通，做到优质、高效服务的重要保证。

①严格遵守餐厅各项规章制度，注意“守时”。

②服从领导，听从指挥。即使对有的指示做法不理解，甚至有异议也应先执行后反映。

③工作时必须佩戴工号牌，以示对客人的尊重和对自身的监督。

④在所有的客人活动场所和厨房都严禁吸烟；上岗前和工作时不许喝酒；工作时不许嚼口香糖等。

⑤在餐厅任何时候不得梳头、修指甲、吐痰、吹口哨、叉腰、手插口袋、挖鼻孔、交头接耳等。

⑥工作时间不得擅离岗位办私事。

⑦切忌对客人评头品足，更不得在客人背后挤眉弄眼。

⑧不得睨视客人的行动或探听客人的谈话，尊重客人的隐私权；不得借工作之便与客人拉拢私人关系而谋取私利。

⑨未经客人同意，不能随意移动其物品逗抱其小孩，以免引起客人误会或不悦。

⑩交班时应将未完成的工作和特别事项交代清楚。下班时如无接班人员到岗，亦不得擅自离岗。

6. 高度重视各种人际关系的协调。

服务人员应做到以礼待人，内求团结，外求和睦。

（1）和顾客的关系　处理、协调和顾客的关系，要热诚接待、一视同仁。要注意你所处的特殊位置，明确你的形象就是单位形象，你的态度就是单位态度。所以，一定要协调好和顾客的关系。即使和顾客发生了异议、冲突，只要没伤害到自己的原则问题，都应该站在体谅顾客的角度，退一步进行处理。

（2）和上级的关系　要服从上级的安排，支持上级的工作。并要维护上级的威信。上级需要把握的是大局，不管自己和上级关系怎么样或对他们的看法怎么样，都要以实际行动维护上级的威信，要以礼相待，不能嚣张放肆。

（3）和下级的关系　要处处尊重，时时体谅，不徇私情、善解人意。当下级提出不同工作意见时，上级应该持欢迎和感谢的态度。要注意发挥整个办公室的力量来商讨解决事情，而不要只顾面子，不懂装懂。如果下属的意见说得太刺耳，甚至是不合实际的个人攻击，只要不妨碍工作，都没有必要或者不应该想着报复。对于下属中有较强才干、能独当一面的，应该积极地提拔。

（4）和平级的关系　处理好和同级的关系，对于团队精神的体现非常重要。一要相互配合、互相勉励；二要不即不离，保持同事间交往的适当距离；三是要诚信待人，互相团结。

7. 服务人员仪表、仪容、仪态规范

服务人员的仪表、仪容、仪态是一种无声的形体语言，也是单位精神风貌的表现。

（1）仪表　仪表是指人的外表、外貌，着重在着装方面，总的要求是端庄、典雅。

①上岗时必须着规范的工作制服，佩戴好服务胸卡。

②工作制服是单位的标志，不得随意改制，不得增添其他饰物。

③工作制服是岗位和职责的标志，不得互相借换穿用。

④工作制服要合身得体，纽扣齐全，保持整齐清洁、熨帖笔挺。

⑤衬衣必须束扎裤内、裙内，决不能让内衣等其他衣服显露在制服外面。

⑥领带、领结要按规定系好，而且随时检查，以防脏、皱。有破损要及时更换。

⑦穿黑色的皮鞋或布鞋。皮鞋要经常擦拭光亮，布鞋要整洁如新。

⑧行貌庄重、大方，给人以亲切而可信赖的印象。

（2）仪容　仪容是指人的容颜、容貌，着重在修饰方面，总的要求是适度、美观。

①头发：头发一般留短发，常洗常护，干净整齐，发型大方得体。男服务员发不盖耳，长不过领，不留大鬓角；女服务员不留披肩发，额发不能过眉。

②面部：面颜容光焕发，精神振作。男服务人员应天天刮脸修面，不留胡须；女服务人员应化淡妆，切忌浓妆艳抹。

③手：手要保持清洁，不留长指甲。男服务人员中的吸烟者要特别注意洗净指头的烟渍；女服务人员不得涂抹有色指甲油。

④饰物：一般不戴饰物，用则求简。不戴项链、手镯和戒指等装饰物品。男服务人员不得另加胸饰；女服务人员不得戴耳环，不用式样繁杂、色彩刺目的发夹或饰带。

⑤香水：切忌使用浓郁刺鼻的香水。男服务人员只可抹少许男士香水；女服务人员可在手腕、腋下、颈动脉处抹少许香水。

⑥洗澡：要勤洗澡，禁绝任何异味，保持体味清新。

（3）仪态　仪态是指人的姿态、体态，着重在举止方面，总的要求是大方、高雅。

站姿

①抬头、颈直、肩平，双目平视，口微闭，面带微笑。

②身体直立，重心放在身体中心线上。

③双臂自然下垂，双手体前或背后交叉，保持随时向客人提供服务的姿态。

④女服务人员两脚呈“V”字形，膝和脚后跟靠拢；男服务人员两脚平行分开与肩同宽。

⑤身体直立，不可倚靠物体，不可双臂抱胸前，不可叉腰，腿脚不可抖动。

坐姿

①抬头、颈直、肩平，双目平视，口微闭，面带微笑。

②入座、离座轻稳自然，上体正直。

③入座后身体坐正，挺胸、立腰、收腹，双手自然放于双膝上或一手搭放于沙发扶手上。

④坐满椅子的1/2至2/3。

⑤双腿自然收拢，如时间长可变换姿势，但不要岔开双腿或跷二郎腿。

握手

两脚跟并拢站立，双腿挺直，右手前伸，自然曲肘，右手掌握对方右手掌手指部位。左臂自然下垂，上身前倾约15°，眼视对方，面带微笑，点头示意。服务人员不能主动和客人握手。

微笑

微笑时应发自内心、自然，一般是在与客人的目光接触时微笑。

8．服务礼仪着装的六戒

①脏：在工作岗位上，没有任何理由使你的着装脏兮兮的。如果那样的话，和穿着残破不堪的衣服又有什么区别呢?

②乱：工作时间，通常应力求庄重、素雅而大方，花色不要过于鲜艳抢眼，不要让人产生“抢顾客的风头”的错觉。

③奇：绝对不应当在款式上过分奇特，也不应在搭配上过于特殊。

④短：衣着过分肥大或短小，都是不得体的。要避免着装过短的情况。在庄重严肃的场合，不允许穿西装短裤、超短裙等过“短”的服装，不然既不文明，也不美观。

⑤紧：女性还应避免使自己的正装过于紧身。服装过分紧身，只会产生两种效果：要么过度地展示个人的线条，要么会使自己内衣的轮廓被不雅地外现。它们都只会破坏服装的美感，把自己的“美中不足”夸张地暴露在别人面前。

⑥露：工作场合，着装不允许过分暴露或太透明。特别是女性，胸、肩、背、腰、脚趾、脚跟不可以露。

9．服务态度

服务态度是指服务人员在对客服务过程中体现出来的主观意向和心理状态，其好坏直接影响到客人的心理感受。服务态度取决于员工的主动性、创造性、积极性、责任感和综合素质的高低。其具体要求是：

①主动：服务人员应牢固树立“宾客至上、服务第一”的专业意识，在服务工作中应时时处处为客人着想，表现出一种主动积极的情绪，凡是顾客需要，不分分内、分外，发现后即应主动、及时地予以解决，做到眼勤、口勤、手勤、脚勤、心勤，把服务工作做在客人开口之前。

②热情：服务人员在服务工作中应热爱本职工作、热爱自己的服务对象，像对待亲人一样为客人服务，做到端庄稳重、语言亲切、精神饱满、面带微笑、诚恳待人，具有乐于助人的精神，处处热情待客。

③耐心：服务人员在为各种不同类型的客人服务时，应有耐性，不急躁、不厌烦，态度和蔼。服务人员应善于揣摩客人的消费心理，对于他们所提出的所有问题，都应耐心解答，百问不厌；并能虚心听取顾客的意见和建议，对事情不推诿。与顾客发生矛盾时，应尊重顾客，并有较强的自律能力，做到心平气和、耐心说服。

④周到：服务人员应将服务工作做得细致入微、面面俱到、周密妥帖。在服务前，服务人员应做好充分的准备工作，对服务工作有细致、周密的计划；在服务时，应仔细观察，及时发现并满足顾客的需求；在服务结束时，应认真总结并主动征求顾客的意见或建议，并及时反馈，以将服务工作做得更好。

第三节　培养烹饪职业道德与素养

“勿以恶小而为之，勿以善小而不为。”职业道德与素养的最大特点是自觉性和习惯性，而培养人的优良习惯的载体是日常生活。因此，要紧紧抓住这个载体，有意识培养自己的优良习惯，久而久之，习惯就会成为一种自然，即自觉的行为。

一、从小事做起，严格遵守行为规范

行为规范是指在行为方面的约定俗成或明文规定的标准、准则，它告诉人们该怎样做，不该怎样做。从小事做起，严格遵守行为规范。例如学生证、校服等的穿、佩戴，遵守校纪、班纪、宿舍纪律等，在点点滴滴方面按照学生的各种规范来要求自己。根据教育部《高等学校学生行为准则》，学生应遵守以下八条行为准则：

1. 志存高远，坚定信念

努力学习马克思列宁主义、毛泽东思想、邓小平理论、“三个代表”重要思想、科学发展观和习近平新时代中国特色社会主义思想，面向世界，了解国情，确立在中国共产党领导下走社会主义道路，拥有为实现中华民族伟大复兴的共同理想和坚定信念，努力成为有理想、有道德、有文化、有纪律的社会主义新人。

2. 热爱祖国，服务人民

弘扬民族精神，维护国家利益和民族团结。不参与违反四项基本原则、影响国家统一和社会稳定的活动。培养同人民群众的深厚感情，正确处理国家、集体和个人三者利益关系，增强社会责任感，甘愿为祖国、为人民奉献。

3. 勤奋学习，自强不息

追求真理，崇尚科学；刻苦钻研，严谨求实；积极实践，勇于创新；珍惜时间，学业有成。

4. 遵纪守法，弘扬正气

遵守宪法、法律法规，遵守校纪校规；正确行使权利，依法履行义务；敬廉崇洁，公道正派；敢于并善于同各种违法违纪行为作斗争。

5. 诚实守信，严于律己

履约践诺，知行统一；遵从学术规范，恪守学术道德，不作弊，不剽窃；自尊自爱，自省自律；文明使用互联网；自觉抵制黄、赌、毒等不良诱惑。

6. 明礼修身，团结友爱

弘扬传统美德，遵守社会公德，男女交往文明；关心集体，爱护公物，热心公益；尊敬师长，友爱同学，团结合作；仪表整洁，待人礼貌；豁达宽容，积极向上。

7. 勤俭节约，艰苦奋斗

热爱劳动，珍惜他人和社会劳动成果；生活俭朴，杜绝浪费；不追求超越自身和家庭实际的物质享受。

8. 强健体魄，热爱生活

积极参加文体活动，提高身体素质，保持心理健康；磨砺意志，不怕挫折，提高适应能力；增强安全意识，防止意外事故；关爱自然，爱护环境，珍惜资源。

二、从自我做起，自觉养成良好习惯

优良的习惯是每一个人终身受益的资本，不好的习惯则是人的一生羁绊。培根说："习惯真是一种顽强而巨大的力量，它可以主宰人生。"英国教育家洛克说："习惯一旦养成之后，便用不着借助记忆，用不着思考，很容易很自然地就能发生作用了。"

一个人要成就学业、事业，要拥有美好人生，必须养成良好的学习、生活和工作习惯。优秀学生之所以优秀，是因为他们都养成了良好的学习生活习惯。俗话说，把一个信念播种下去，收获的是一个行动；把一个行动播种下去，收获的是一个习惯；把一个习惯播种下去，收获的是一个性格；把一个性格播种下去，收获的是一个命运。可见良好的习惯对一个人的成长和成功起着巨大的作用。因此，养成良好的行为习惯非常重要。

（一）习惯的含义及其特性

习惯是人们在社会生活中逐步形成的一贯的、稳定的行为方式，是通过外在的行动而表现的内在的比较稳固的、自动化的思想和意识。换句话说，习惯是内心下意识活动的结果，是既不需要外部监督，也不需要经过复杂的思想斗争和意志努力而自然流露出来的经常性行为。

习惯具有下列特性：

一是稳定性。习惯一旦形成，就会成为一个人的行为模式，引导和控制一个人，就会附着在身体上而成为其中的一部分，不易改变，甚至一旦中断，就会产生别扭、焦虑、紧张等负面情绪。习惯的养成，是一个长期艰苦的过程，要进行反复的训练和强化才能形成，培养一种好习惯和矫正一种坏习惯同样都要付出巨大努力。习惯一旦形成后，一般很难改变，并在长时期内发挥作用，影响到一个人的发展。

二是情境性。从心理机制上看，习惯是由于反复练习而在人们头脑中建立起来的一系列条件反射，它是一种需要，具有自动化的作用，不需要别人监督和提醒，也不需要自己的意志努力，是一种省时省力的自然动作。

三是双重性。即习惯有好坏之分，它对主体的作用也有双重性，好习惯有利于个体和社会，坏习惯不利于个体和社会。

（二）常见不良习惯

1. 不良生活习惯

（1）日常饮食欠科学　有相当一部分学生由于睡得晚、起得迟，来不及吃早饭便去上课。在课间饿的时候随便买些饼干、方便面之类的零食充饥；有的学生索性取消早饭，养成常年不吃早饭的习惯；还有的学生酗酒、暴饮暴食，这些都违反了饮食规律。青年学生正处于生理和心理成熟的关键期，如此应付“吃饭”问题，实在令人担忧。

（2）作息时间无规律　很多同学不严格要求自己，作息时间无规律，该休息的时候不休息，一些宿舍看电影、开卧谈会到深夜，第二天上午逃课睡觉。长此以往，势必引起恶性循环，学业和健康均得不到保障。

（3）自我关爱意识差　“文武之道，一张一弛”，体育锻炼能增强体质，陶冶情操，增添活力。但是由于网络游戏等的兴起，参与文体活动学生总数明显下降。学生的体能素质不断下降、肥胖学生的比例明显增多、近视眼发病率居高不下、多数学生心理素质不高、抗挫折能力差，这些与缺乏体育锻炼有很大关系。有些同学不仅不注意自身卫生习惯，还违反校规校纪，时常在宿舍等公共场所抽烟，使得其余同学被迫抽二手烟，影响了大家的身心健康。

（4）娱乐休闲无节制　适当的休闲娱乐可以给学生的生活增添生活情趣，缓解压力。但是部分学生经常光顾网吧、KTV、酒吧等娱乐场所，无节制地沉迷其中。

2. 不良学习习惯

（1）平时逃课，临考突击　走进大学校园，学生学习不再有老师和家长的叮咛和嘱咐，几乎完全靠自己的主动性和自觉性。缺少了监督的学生好像逃出笼的小鸟，逃课、上课睡觉、打电子游戏、谈恋爱、泡酒吧等，各种不良嗜好随之而来。结果临考了才想起好多知识没有复习，于是赶紧拿起课本突击，演绎出一部“平时不烧香、临时抱佛脚”的闹剧。

（2）做笔记少，读书也少　老师教学只是一部分，更多依靠学生的自学和复习。平时的课堂，学生做笔记较少，课后及时复习的时间也不多，往往造成想了解相关知识时，却不知从何入手。另外，随着课余时间的增多，学生反而不知道如何利用时间了，特别是用在读书上的时间越来越少，更有甚者一年读不了一部有价值的书籍，造成知识的匮乏。

（三）良好习惯的培养与养成

1. 良好生活习惯的培养

（1）科学饮食，爱惜身体　要保证合理的营养供应，养成良好的饮食习惯；合理地安排作息时间，形成良好的作息制度。有规律的生活能使大脑和神经系统的兴奋和抑制交替进行，天长日久就能在大脑皮层上形成动力定型，这对促进身心健康是非常有利的。

（2）讲究卫生，磨炼意志　要洁身自好，学会自尊、自强、自立和自爱，改正吸烟、酗酒、沉溺于电子游戏等不良的生活习惯，经常锻炼身体，磨炼意志，增强毅力，为应对工作生活中的压力做铺垫，这也有助于自己未来事业的发展。

2. 良好学习习惯的培养

（1）耐心发动，逐渐加速，循序渐进　要养成良好的学习习惯，第一步就要说到做到，先对自己计划要做的一两件事情不打折扣地完成，下决心要改进的方面就力争付出行动，然后逐渐对更多的事情做到有始有终。

（2）控制时空，约束自己　人的行为很大程度上受环境因素的影响。在习惯形成的过程中，在自己的自制力不强的情况下，应从控制自己的活动时间和活动空间入手来约束自己的行为。时间上，从早上起床一直到晚上就寝，都安排满有意义的学习内容和活动内容，不让一日虚度，不让一时空耗。空间上，严格控制自己的活动范围，歌厅、舞厅、游戏厅、台球室等游乐场所，无论自己多么好奇，无论别人怎么引诱也不要去。

（3）及时调整，自由放飞　在好习惯形成过程中，或者在坏习惯克服过程中，容易出现反复、拖拉、敷衍、放任等现象，容易出现跟着感觉走的现象。这就要求自己要严格监督自己，发现偶有偏离，立即作出调整。在此基础上坚持和巩固。

三、在社会实践中体验

“人的正确思想，只能从社会实践中来。”丰富的社会实践是指导人们发展、成才的基础，是实现知行统一的主要场所。职业道德行为的养成离不开社会实践，社会实践是职业道德行为养成的根本途径。

“体验”意为通过实践来认识周围的事物，在社会实践中体验职业道德行为的方法有：

1. 参加社会实践，培养职业情感

“有知识的人不实践，等于一只蜜蜂不酿蜜。”在社会实践中有意识地进行体验，进而了解社会、了解职业、了解自我、熟悉职业、体验职业、陶冶职业情感，培养对职业的荣誉感和幸福感等。

【延伸阅读】

“三下乡”社会实践活动

20世纪80年代初，团中央首次号召全国学生在暑期开展“三下乡”社会实践活动，随后逐步在各高校展开，时至今日已成为各大高校锻炼学生社会实践能力的一种重要的常规性活动，也是考核学生综合素质的重要指标。

2004年，中共中央国务院《关于进一步加强和改进学生思想政治教育的意见》（中发〔2004〕16号）发布后；2005年，团中央、教育部制定了《关于进一步加强和改进学生社会实践的意见》(中青联发〔2005〕3号)，文件第四条提出："文化、科技、卫生"三下乡"和科教、文体、法律、卫生"四进社区"活动，是新形势下学生参加社会实践的有效载体。要广泛发动学生利用寒暑假等时间开展"三下乡"和"四进社区"活动。高校要更加主动地与地方沟通，进一步明确实践服务的内容，根据需求选派相关专业的学生组成团队，为群众办实事、做好事、解难事。当地团组织要在党政的领导和支持下，与有关部门协调配合，安排好活动的时间、地点和具体内容。活动所在单位要对学生的表现作出鉴定。"

活动成员以志愿者的形式深入农村，传播先进文化和科技，体验基层民众生活，调研基层社会现状。通过一系列实践活动以期提高学生的社会实践能力和思想认识，同时更多地为基层群众服务。

"三下乡"社会实践活动使学生能够将自己在校所学的先进科学的生活观念在广大农村传播，紧密结合他们所学专业技术知识，在农村开展多种形式的先进科技文化知识和生活观念的宣讲活动。学生参与新农村建设的进程，为学生了解中国国情开启了一扇窗口，密切了高等教育与新农村建设的关系，同时提高了学生的社会实践能力和综合素质，为国家未来的发展培养了优秀人才。

2. 学做结合，知行统一

在社会实践中，把学和做结合起来，把学到的职业道德知识、职业道德规范运用到实践中，落实到职业道德行为中，以正确的道德观念指导自己的实践，理论联系实际，言行一致，知行统一。

【延伸阅读】

诫子书

夫君子之行，静以修身，俭以养德。非淡泊无以明志，非宁静无以致远。夫学须静也，才须学也，非学无以广才，非志无以成学。淫慢则不能励精，险躁则不能治性。年与时驰，意与日去，遂成枯落，多不接世，悲守穷庐，将复何及！

译文：有道德修养的人，依靠内心安静来修养身心，以俭朴节约财物来培养自己高尚的品德。不恬静寡欲无法明确志向，不排除外来干扰无法达到远大目标。学习必须静心专一，而才干来自勤奋学习。如果不学习就无法增长自己的才干，不明确志向就不能在学习上获得成就。纵欲放荡、消极怠慢就不能勉励心志使精神振作，冒险草率、急躁不安就不能修养性情。年华随时光而飞驰，意志随岁月逐渐消逝。最终枯败零落，大多不接触世事、不为社会所用，只能悲哀地困守在自己穷困的破舍里，到时悔恨又怎么来得及？

赏析：古代家训，大都浓缩了作者毕生的生活经历、人生体验和学术思想等方面内容，不仅他的子孙从中获益颇多，就是今人读来也大有可借鉴之处。三国时蜀汉丞相诸葛亮被后人誉为“智慧之化身”，他的《诫子书》也可谓是一篇充满智慧之语的家训，是古代家训中的名作。文章阐述修身养性、治学做人的深刻道理，激励我们不断学习、加强实践，读来发人深省。它也可以看作是诸葛亮对其一生的总结，后来更成为修身立志的名篇。

四、在专业学习中训练

专业理论知识与专业技能是形成职业信念和职业道德行为的前提和基础。职业道德行为的养成，离不开知识的学习和技能的提高。“训练”意为有计划、有步骤地使之具有某种特长或技能。在专业学习中训练职业道德行为的要求是：

1. 增强职业认识，遵守职业规范

职业认识是人们对求职择业和职业劳动的各种认识的总和，它是职业活动在人们头脑中的反映。职业规范是指某一职业或岗位的准则。包括操作规程和道德规范。学生要在专业学习和实习中增强职业认识，遵守职业规范，这是未来干好职业、实现人生价值的重要前提。

【延伸阅读】

庖丁解牛

从前，有个叫阿丁的厨师，给文惠君宰牛。文惠君站在一旁看。只见阿丁师傅宰牛的动作，优美得如同舞步；进刀时候发出来的响声，都合乎乐曲的节拍。

文惠君不禁喝起彩来，说：“呀！技术怎么能达到这种地步！”

阿丁放下刀，说：“我追求的远不止是技术，而是‘道’。我刚开始学杀牛的时候，看到的都是整头的牛。三年以后，就未曾看见囫囵的整牛了。现在我看牛，是用心去感觉，而不是用眼去观看；杀牛的时候是心神在指挥我的手脚，而不是有意识地去做什么。我顺着牛筋骨的自然结构，依照纹理，顺应经络，向有空隙的地方用刀，进刀的时候毫无妨碍。好的厨师一年换一把刀，因为他们是用刀去割筋肉；普通的厨师一个月换一把刀，因为他们是用刀去劈骨头。而我呢，这把刀已经用了十九年，刀口还是像刚磨出来的一样。因为牛骨节是有间隙的，刀几乎是没有厚度的；把几乎没有厚度的刀切入有空隙的骨节，这不是游刃有余吗？尽管如此，遇到那些筋骨盘结的地方，我还是得小心谨慎，慢慢用刀。宰到最后的时候，我的刀微微一动，整头牛就豁然解体，如同泥土溃散落地，可牛还不知道自己已经死了呢！这时候，我提刀四望，心满意足地把刀擦干净收起来。”文惠君说：“很好啊阿丁师傅，我听了您这一番话，悟到了人生的道理呢！”

这就是成语“庖丁解牛”的故事。这就告诉我们：世间万物都有其固有的规律性，只要你在实践中做有心人，不断摸索，久而久之，熟能生巧，事情就会做得十分漂亮。

2. 重视技能训练，提高职业素养

要重视技能训练，向劳动模范、先进人物学习，刻苦钻研，培养过硬的专业技能，提高自己的职业素养。

【延伸阅读】

女排精神

女排精神是中国女子排球队顽强战斗、勇敢拼搏精神的总概括。其具体表现为：扎扎实实，勤学苦练，无所畏惧，顽强拼搏，同甘共苦，团结战斗，刻苦钻研，勇攀高峰。她们在世界排球赛中，凭着顽强战斗、勇敢拼搏的精神，多次蝉联世界冠军，为国争光，为人民建功。她们的这种精神，给予全国人民巨大的鼓舞。国务院以及国家体委、共青团中央、全国青联、全国学联和全国妇联号召全国人民向女排学习。从此，女排精神广为传颂，家喻户晓，各行各业的人们在女排精神的激励下，为中华民族的腾飞顽强拼搏。

1981年中国女排首夺冠军的背后是女排姑娘们刻苦训练技能、勇于超越自我的艰辛付出。为了让女排的姑娘们尽快提高成绩，教练只能“铁石心肠”，让她们经历“魔鬼式”的训练，1979年，中国女排开始在郴州集训，当时郴州女排基地条件艰苦，教练的训练更严格，不符合质量过不了关，完不成指标下不了课。对于女排姑娘们来说，加练、补课是常事，而且一个队员没完成，其他人都要跟着一起练。为了弥补自己技术上的不足，她们一天的扣球量要超他人数倍；为了提高弹跳，一百多斤的重量这些姑娘可以一天蹲几百次。千次，万次，十万次，每一次的积累每一次的成长背后都是血与泪的交融。除夕夜万家团圆的时候，她们还在打排球。女排队员们对在训练中所造成的苦痛从不叫苦叫累，凭着坚韧的毅力，她们练就了过硬的技术本领，形成了以快速多变为主体、兼备高打强攻的独特风格，最终取得了令人骄傲的成绩。

五、在职业活动中强化

职业活动是检验一个人职业道德品质高低的试金石。在职业活动中强化职业道德行为要做到：

1. 将道德知识内化为信念

“内化”是指把学到的职业道德知识变成个人内心坚定的职业道德信念、职业道德理想与职业道德原则、对自己履行的职业责任和义务的真诚信奉。它是职业道德知识、情感和意志的结晶，也是人们职业道德行为的强大动力和精神支柱。只有这样的职业道德行为，才有坚定性和永久性。

2. 将职业道德信念外化为行为

“不要总是在梦想高尚的事情，而要去做高尚的事情。”“外化”是把内心形成的职业道德情感、意志和信念变成自己省悟的职业道德行为，指导自己的职业活动实践。作为一名学生，要积极履行自己的责任和义务，做一个言行一致、表里如一、有职业道德的人。

六、在自我修养中提高

自我修养指个人在日常的学习、生活和各种实践中，按照职业道德的基本原则和规范，在职业道德品质中有目的地“自我锻炼”“自我改造”和“自我提高”。自我修养应注意：

1. 坚持学习马克思主义的伦理观

在马克思主义的历史唯物主义中，论述了许多关于道德以及社会主义道德和职业道德的科学观点，是我们职业道德修养的指针，有利于烹饪从业人员树立科学的世界观、人生观和道德观。

【延伸阅读】

马克思主义伦理观

马克思主义伦理观是指以辩证唯物主义和历史唯物主义为理论基础的关于道德的科学理论，也称马克思主义道德学说、马克思主义伦理学。它是无产阶级科学世界观的有机组成部分。它的最显著的特点是：强调人们的道德观念归根结底受他们的社会经济关系所制约，同时又承认道德反作用于社会经济关系以至整个社会生活。

2. 发挥榜样的激励作用，向先进模范人物学习

“学所以益才也，砺所以致刃也。”习近平总书记强调，要“善于向先进典型学习”。榜样是一面镜子、一面旗帜，向榜样学习，是找到差距、查摆不足，明晰努力方向的工作方法，更是增强定力、保持清醒，提升修养的必修课程。

读懂榜样，筑牢信仰之基。90岁高龄的宋书声一辈子研究马克思主义，在马信马、在马言马、在马研马、在马传马；著名物理学家、超导专家赵忠贤“一辈子只做一件事”，就是探索超导体、开展超导机理研究；国测一大队一代代测绘队员走大漠高原、登世界峰极，在献青春、洒热血中爱国报国、勇攀高峰。无论是个人还是团队，没有坚定的信念是坚持不下来的。

争做榜样，弘扬实干之风。缉毒英雄印春荣面对无数次生命威胁毫不畏惧，坚守使命守护着人民的安全；“北斗女神”王淑芳“不求功名垂千古，愿做野香绽村路”，把自己的青春和才华献给国家的北斗卫星导航事业。他们有着强烈的责任感和使命感，将事业放在首位，彰显着中国人苦干实干、担当作为的精神风貌。

学习先进模范人物还要密切联系自己职业活动和职业道德的实际，注重实效，自觉抵制拜金主义、享乐主义、极端个人主义等腐朽思想侵蚀，大力弘扬新时期的创业精神，提高职业道德水平，立志在本岗多做贡献。

【延伸阅读】

鲁菜泰斗——王义均

王义均，男，汉族，山东烟台福山区人，国宝级烹饪大师，鲁菜泰斗，商务部授予中华名厨（荣誉奖）称号，中国烹饪大师，有“海参王”美誉，国家高级烹饪技师，国家餐饮业高级评委，国家中式烹调职工技能鉴定专家，中国名厨专业委员会委员兼顾问，北京市烹饪协会副会长，国家名厨编委会高级顾问，京华名厨联谊会会员，中国烹饪协会理事等。

师承于鲁菜名师孙峰、朱家德学习刀工，继而又拜誉满京城的名师牟常勋、郑福祥、吴行官为师，后又投入一代宗师王世珍、郭有忠、王景春、罗国荣大师名下。精通鲁菜，擅长海参的烹制，把众师之长与川、鲁、淮扬菜系精华结合实际，融会贯通，在继承发扬原山东风味菜肴的基础上，大胆创新改革，是当今山东风味菜肴名师中继往开来的一代宗师。代表菜品有葱烧海参、糟熘鱼片、醋椒活鱼、干炸丸子、炸烹大虾、砂锅八珍、锅塌豆腐、鸡油扒双菜、烩乌鱼蛋（汤）等。

在王义均的厨艺生涯中，曾多次出国工作和进行厨艺表演，交流饮食文化，先后为刘少奇、周恩来、邓小平、宋庆龄、叶剑英、陈毅等国家领导人设宴款待外国贵宾时作主厨，这当中有西哈努克、田中角荣、基辛格、布什、中曾根康弘等知名外国政要，均受到他们很高的评价，王义均在全国烹饪界德高望重，他的为人处世谦虚豁达，厨德人品高尚无私，他技艺高超，功底深厚，为弘扬中国饮食文化做出了突出的贡献。

3．提倡“慎独”

“慎独”一词出于我国古籍《礼记·中庸》：“道也者，不可须臾离也；可离，非道也。是故君子戒慎乎其所不睹，恐惧乎其所不闻。莫见乎隐，莫显乎微，故君子慎其独也。”意思是说，道德原则是一时一刻也不能离开的，时时刻刻检查自己的行动，一个有道德的人在独自一人，无人监督时，也是小心谨慎地不做任何不道德的事。

慎独，是衡量一个人道德水准的试金石。一个人在公共场合不做坏事比较容易，而在独处时也能一样不做违反道德准则的事，则需要有很高的道德修养。慎独，其实就是“慎心”，要诚其意，在各种物欲的诱惑面前，靠“心”把持住自己——不管是酒色财气，总归“吾心有主”，不为所动。慎独，其实就是“慎始”，做任何事从开头就要十分谨慎，如果开始时就不谨慎，还怎么能保证有好的结局呢？慎独，其实就是“慎终”，“慎终如始，则无败事”，意思是说，当事情结束时，要像开头一样慎重对待。慎独还需用礼来约束自己，就不会离经叛道，要“非礼勿视，非礼勿听，非礼勿言，非礼勿动”。慎独还需克服源自动物性的“利己”性。我们现在依然提倡“慎独”，是重在自律，即在道德上自我约束。慎独既是加强职业道德修养的行之有效的重要方法和途径，也是一种崇高的思想道德境界。

【延伸阅读】

君子慎独

一个人如果做到慎独，小则能修身养性，提升自己的道德修养，轻松实现自己的目标；大则，能益国益民，为后人树立精神的榜样。

古往今来，一个个名人志士的例子，也告诉着我们慎独的重要性。在清朝雍正年间，有位名叫叶存仁的官吏，先后在淮阳、浙江、安徽、河南等地做官。他当官三十多年，却两袖清风，从未收取过任何贿赂。有一次，在他离任升迁时，僚属们派船送行，但船只却迟迟不启程，直到夜半时，才见一叶小舟划来。原来，僚属们为他带来了馈赠礼品。为避人耳目，特意在深夜送来，他们以为叶存仁平日不收礼品，是怕他人知道出麻烦，而夜深人静之时，神不知鬼不觉，叶存仁一定会收下。谁知，叶存仁见此情景，却挥笔赋诗“月明风清夜半时，扁舟相送故迟迟。感君情重还君赠，不畏人知畏己知。”将礼物退了回去。

邓亚萍，一代乒乓巨匠。进入国家队时，她身高不足1.5米，没有乒乓训练的基础与天赋。但是，她却有着不放弃的慎独精神。凭着这种精神，别人吃饭时她练球，别人睡觉时她练球，别人放假时她还练球。坚守刻苦，便是邓亚萍的慎独。正因为她有着这样慎独的精神，让她练成了世界上最快的发球速度，让她成为世界上最好的乒乓运动员，让她为祖国捧回了一个又一个荣誉，更让她成了全民敬仰的对象。

无论是叶存仁，还是邓亚萍，都告诉我们，想要做好事，想要做成大事，必须慎独！那么，对于我们学生来说，慎独体现在哪里呢？

学习时，当别人谈天说地时，我却静心读书，这是慎独；吃饭时，当别人浪费无度时，我克己节约，这是慎独；睡觉时，当别人上网看小说，我尽早安睡，以保持明天的好精力，这是慎独；遭遇到与老师，同学的矛盾时，我换位思考，宽容大度，这更是慎独。

4. 提倡“积善成德”

“积善成德”就是精心保持自己的善行，使其不断积累和壮大。我国战国时哲学家荀子曾说：“积土成山，风雨兴焉；积水成渊，蛟龙生焉；积善成德，而神明自得，圣心备焉。故不积跬步，无以至千里；不积小流，无以成江河。”高尚的道德人格和道德品质，不是一夜之间能够养成的，它需要一个长期的积善过程。只有不弃小善，才能积成大善；只有能积众善，才能有高尚的品德。平时不检点，不积善，只幻想有朝一日碰上一个紧要关头挺身而出，一个早上成为英雄人物是根本不可能的。在积善的同时，还要“防微杜渐”。在职业道德修养领域中善恶之别，泾渭分明。善虽小，仍然不失其为善；恶虽小，也终究是恶。所以从业人员对自己任何不符合职业道德的言行，都务必注意克服，将其消灭在萌芽状态之中。三国时代的刘备在他的遗嘱里叮嘱儿子：“勿以恶小而为之，勿以善小而不为。”指的就是这种防微杜渐的修养方法。在错误中，人们最易疏于防范的便是“小恶”。小恶虽小，但任其发展，就会泛滥成灾，此所谓“千里之堤，溃于蚁穴”。

第四节　人际交往和心理健康

人际关系，是人与人之间通过动态的相互作用形成的情感联系，是通过交往形成的心理关系。研究发现：“智慧”“专门技术”和“经验”只占成功因素的15%，其余的85%取决于良好的人际关系。这样的研究结论充分昭示一个真理：人际交往在同学们心理发展、专业成长、校园生活和未来人生中担当重要使命。

同学之间、师生之间、同乡之间、室友之间、个人与班级、系、学院、学校、社会之间等多空间、多维度的社会交往，构成了学生人际关系的立体网络。良好的人际交往能力，不仅是同学们现实生活的基本需要，更是将来适应社会的前期操练。一个没有人际交往能力的人，就像陆地上的船是永远不会航行在壮阔的汪洋大海之中的。

正是基于这样的认知理念，同学们会主动、自觉地尝试人际交往活动，并试图借助这样的活动发展交际的能力。甚至，交际能力成为学生心目中衡量个人能力和综合素质的一项重要评价尺度。人际交往的重要性，在许多人的生活经历中，还从来没有像大学时代这样明确地被设定为一种如此正当、合理和迫切的需求。同学们普遍处于向往交往、渴求理解的心理发展时期，寻求建立良好的人际关系，是心理健康的必由之路。

一、学生人际关系类型

在现实校园生活中的人际关系主要体现为三大关系：同学关系、朋友关系、师生关系。

1. 同学关系

同学是人际交往的主要对象，同学关系是人际关系的主要内容。许多人才成长、创立事业的佳话都有“恰同学少年，风华正茂，书生意气，挥斥方遒”的青春飞扬的激情和“到中流击水，浪遏飞舟”的无所畏惧的壮举。人才成长的“雁群现象”和“丛林现象”都有力证明了一个事实：同学关系是学生时代最为重要的人际关系。然而，现实生活中的同学关系的建立维护是需要经验与智慧的。

处理不好同学关系的人大致有两类：一种典型情况是过分求全，处处忍让。这种人一味迁就别人，别人正当的要求他接受，别人不正当的苛求他也接受。有了意见也不肯提，怕伤了和气，怕别人对自己印象不好，怕别人“报复”自己。看起来这种人与世无争，与人为善，其实在内心积蓄的恶劣情绪，必然是具有自我伤害作用。例如，缺少知心朋友、倾诉对象的人则容易出现抑郁症状：少言寡语、不爱与人交往、退缩，或者出现少数极端不理智的行为，如伤害他人、自杀等。另一种是以自我为中心，孤岛生存。体现在学生个体对别人缺少宽容，心中只有自己，言谈举止不考虑别人的存在和利益。这种人在群体中不容易被接纳，常常不受欢迎，是群体排斥和孤立的对象。过分的忍让对身心健康不利，过分的以自我为中心同样不利于维持良好的人际关系。

2. 朋友关系

学生时代结识志趣相投、心理相容的人（同性和异性）成为朋友，是人际关系发展的必然走势和宝贵果实，是个体的人际关系发展中最具有标志意义的观测点。你有几个好朋友？谁是你的好朋友？能够不假思索地张口讲出来，是一件特别让人有成就感的事。

学生时代的朋友关系在人生的重要时刻具有无可替代的作用——个人危难时，朋友是给你提供心灵庇护的保护神，你的消沉和悲观都会被悄然觉察，并于关键时刻实施拯救行动；春风得意时，朋友会为你发出真诚提示，让你从飘飘欲仙的自我陶醉中清醒过来；迟疑不决时，朋友是你理智把握机遇、大胆做出取舍进退的同行人。

3. 师生关系

师生关系是校园生活中最为特别的人际关系。一般而言，一个聪明的学生会借助求学之便，与学高可以为师、身正足以示范的优秀老师建立友好关系。许多成功人士的经历中都有名师指点迷津、高人保驾护航的佳话——站在巨人的肩膀上，你才能看得更远。但是，社会生活中的人是复杂的，学生在选择与老师的交往时要保持清醒和理智，运用智慧和策略。

二、人际关系中的心理效应

建立良好的人际关系，是一个人学业发展、事业成功的基础，你要做到左右逢源，游刃有余，需要有一颗宽容的心，需要真诚，需要积极主动交往，塑造正面个人形象，善用各种交际手段，克服社会知觉中的偏见。所谓“知人者智，自知者明”。能否正确地认识和了解他人，关系到人际交往能否顺利进行。为此，必须走出对他人认知的心理误区。

1. 晕轮效应

晕轮效应，又称“光环效应”，晕轮效应指人们对他人的认知判断首先是根据个人的好恶得出的，然后再从这个判断推论出认知对象的其他品质的现象。如果认知对象被标明是“好”的，他就会被“好”的光圈笼罩着，并被赋予一切好的品质；如果认知对象被标明是“坏”的，他就会被“坏”的光圈笼罩着，他所有的品质都会被认为是坏的。这种强烈知觉的品质或特点，就像月亮形式的光环一样，向周围弥漫、扩散，从而掩盖了其他品质或特点，所以就形象地称之为光环效应。

有时候晕轮效应会对人际关系产生积极效应，比如你对人诚恳，那么即便你能力较差，别人对你也会非常信任，因为对方只看见你的诚恳。

2. 首因效应

首因效应，又称为陌生人效应，在与陌生人交往的过程中，所得到的有关对方的最初印象称为第一印象。第一印象并非总是正确，但却总是最鲜明、最牢固的，并且决定着以后双方交往的过程。

第一印象主要是根据对方的表情、姿态、身体、仪表和服装等形成的印象。第一印象在日常生活中是很普遍的，这种初次获得的印象往往是今后交往的依据。“成见效应”与第一印象有着密切的关系，第一印象往往是形成成见效应的基础，成见效应往往是第一印象的加深和拓宽。既要重视第一印象，又要尽量避免因第一印象而造成的认识上和用人上的错误。既不能因第一印象不好而全盘否定，又要防止被表面的堂皇所迷惑。要练就一身透过现象看本质的本事，在长期的相处中全面、正确认识和了解他人。大家都有这样的经历：初次见到新同学、新老师，往往感觉不太符合自己的心愿。相处时间久了，原来的别扭的感觉逐渐消失。

3．近因效应

近因效应，又称为熟人效应，是说在与熟悉的人的交往中，最近发生的事情的印象更占优势，影响到我们对这个人的最新评价。例如，我们对一个一向印象很好的人，知道他刚刚做了一件比较差劲的事，这件事会让我们对他的评价明显下降；相反的，一个我们印象中很差劲的人，刚刚做了一件挺光彩的事，我们对他的评价会大为改观。

4．刻板效应

在我们的头脑中，总有一些潜在的，得之于各种途径的观念，并常常以此来评价和判断他人，因为这样做所耗费的心理能量最少，也就是说，它最省事。但是，图省事往往会造成一些认知偏差。什么美国人开放，英国人保守，商人精明世故，农民老实本分，等等。这些说法虽与某些人的特征相吻合，但绝不是个个如此，还要具体问题具体对待。有些人习惯于机械地将交往对象归于某一类人，不管他是否表现出该类人的特征，都认为他是该类人的代表，而总是将对该类人的评价强加于他，从而影响正确认知，特别是当这类评价带有偏见时，会损害人际关系。学生以地域、性别、形象等等方面的类型划分看待同学关系、处理同学交往，且不论这种归类有无道理，都容易出现“千人一面，千人一色”的低级错误，这是智慧的选择吗？

5．定势效应

定势效应是指人们在头脑中存在的某种先入之见，影响人们对当前人和事物的认知和评价。当我们与他人接触时，常常会不自觉地产生一种有准备的心理状态，用一种固定了的观念或倾向进行评判。例如，你与某一个同学关系一向很好，你认为对方肯定会对你友善相待。于是，即使对方真的做了对不起你的事，你也会浑然不觉、不以为意，或者认为对方是无心之过，倾向于原谅对方。相反的，你对另外一个同学有不好的印象，关系比较糟糕，即使对方主动向你表达友好，你也可能不予理会。甚至认为对方是别有用心。如果人家对你真的不好，你更是会放大对方对你的恶意。

6．投射效应

人际关系中的投射效应，即“以小人之心，度君子之腹”，指与人交往时把自己具有的某些不讨人喜欢、不为人接受的观念、性格、态度或欲望转移到别人身上，认为别人也是如此，以掩盖自己不受人欢迎的特征。如自私的人总认为别人也很自私；而那些慷慨磊落的人认为别人对自己也应该不小气，由于投射作用的影响，人际交往中很容易产生误解。

三、建立和维护人际关系的策略

1. 注意倾听

我们在谈话中常常会有一种冲动，把溜到嘴边的话讲出来。为此，我们会变得对别人讲的话心不在焉，甚至急不可待地打断对方的谈话。还有一种人话匣子一打开，就再也收不住了，既不允许别人插嘴，也不在乎别人是否感兴趣。这类举动赢得了一时的畅快，但也丧失了许多与别人深交的机会。可以说这种人有些以自我为中心的倾向。只谈论自己的人，所想到的也只有自己，这是不受欢迎的。因为跟你谈话的人，对他自己的需求和问题更感兴趣。其实，许多时候耐心而认真地倾听别人讲话并不是委曲求全。深入地了解有赖于倾听，从而做到有的放矢。倾听有助于我们从别人那儿学到许多有益的东西，每个人充满感情所谈论的往往是其感受颇深的，这些对于弥补和增长我们的经验是大有益处的。许多时候，冷静地倾听还能化干戈为玉帛。比如在矛盾冲突中的一方火冒三丈、大发牢骚的时候，另一方也怒目圆睁、义正词严，非但什么事也解决不了，而且常常是不欢而散。如果另一方耐下心来，不加评论、不加辩解地倾听对方说下去，对方就会渐渐平息下来，甚至主动开始反省自己；或是待其冷静下来后，再平静地讲清一切，效果一定强于冲动之举。

倾听不是被动的接收，而是有反馈的引导和鼓励。通过言语和表情告诉对方你能理解对方的描述和感受，可以使对方受到鼓舞。阐释，即把对方表达的含义用你自己的语言复述一下，常常是有效的鼓励技巧之一。有意识地强化某一谈话主题（即对之表示出理解和兴趣，或是直接指出希望对方谈什么）可以引导谈话方向，使之更符合你的需要。当然，如果对方一味地高谈阔论那些你不感兴趣甚至反感的话题而将你的暗示置之不理的话，你完全可以拒绝倾听。鼓励他人谈论他们自己、他们的感受、他们的成就，是赢得友谊的有力品质。

2. 自我表露

真正可以深入下去的交谈必然是双向的。因而自我表露是另一项应该掌握的技能，即自信地袒露关于自己的信息——怎样想，有什么感受，对他人的自发信息如何反应等。然而，许多人却不能顺畅地表达自己的思想感情，从而给交往制造了障碍。正如威廉·詹姆斯所说："有些人之所以不善谈吐，是因为他们担心自己所说的东西要么会被人们认为太平淡、太浅薄，要么被人们认为太虚伪。他或者认为自己不配和对方谈话，或者认为自己所说的东西多少有点不切场合。""一旦人们打开心中的闸门，解除对自己语言的压抑，那么语言的交往便会兴旺发达，社会也会日见清新。"看来对那些表达有困难的人来说，应把谈话的目标放在内容表达上，而不应放在赢取别人赞美上。"没有人能够时时刻刻光照他人。靠冥思苦想是挤不出妙言警句的，富有哲理的词汇只有在我们不自以为是和思维轻松之时，才会自发地从我们的口中飞出……”约翰 · D. 墨菲这样说道。表达的技能只有通过表达才能提高。自我表露需要把握好时机，否则就可能犯滔滔不绝、只顾自己之大忌。一般而言，谈自己的合适时机之一是有人邀请你谈谈自己的时候。这时，如果你能适度地展开自己会引起大家的兴趣和好感。另一种时机是当他人谈的情况和感受与你自己比较一致时，即“我也……”的技巧。人们总是喜欢那些经历和看法与自己一致的人，因为赞成自己的人实际上是在肯定我们的价值和自信。所以，“我也一样”，“我也喜欢这个”，“我有过和你同样的经历”之类的表白往往能激发对方积极的反应，使谈话气氛热乎起来。

3. 巧用批评

当别人的错误损害了我们自己及周围人时，我们需要促其改变，而不是一味地“好，好，好!”如果你不是出于贬低别人的目的，同时又能运用适当的方法，我们的批评就会收到意想不到的效果：第一，批评应注意场合。批评要想奏效，必须尽量减少对方的防卫心理。如果我们在大庭广众下批评别人，对方很可能首先意识到自己的形象和自尊受损而不是自己的所犯的错误。因此，他会马上以敌视的态度来反击你以保护受到威胁的自尊心。批评除了增加对方的反感和抵触外，不会有任何效果。第二，从赞扬和诚心的感谢入手。它可以提高对方的自信和自尊，从而在感情上接纳我们。在这种背景下，我们诚恳地提出批评，对方往往更容易接受。第三，批评对事不对人。比起一些具体的言行来，人们对自身的人格、能力等看得更重。如果批评含有贬低其能力、人品的意味，便容易激怒对方。如果在肯定其能力、人品的前提下指出其某一个具体方向的错误，他（她）往往容易接受。第四，批评应针对现在，而不要纠缠老账。如果习惯于用“你怎么总是……”之类的句型批评别人，是不会取得好效果的。因为这样的说法暗示对方：“你旧习难改。”“让对方感到自己的错误很容易改掉，这样对方往往会有信心去改变自己”是一句金玉良言。另外，翻老账的做法也容易引起对方的反感。一两件事可以归因于偶然，许多件事则更可能归因于人品，所以翻老账等于在贬低对方人品。

4. 善待批评

来自他人的批评激发起我们的第一个反应常常是起而为自己辩解，甚至更加严厉地反击。这种态度和行为除了造成对自己的进一步伤害外，不是误伤他人的好意，便是让他人的恶意得逞。

我们往往有一种倾向，希望所有的人都喜欢我们，赞赏我们。为此，我们常常疲于讨好别人，或到处为自己辩解。这种活法很累，难以潇洒得起来。想想自己，我们会喜欢所有的人吗？很难，或者说根本不可能。既然如此，我们为何要求所有的人都喜欢我们呢？事实上，除非你平庸至极，这样没人会注意你，批评也会少许多；否则，在你的生活中，批评将永远伴随你；你越是出众，受到的批评就越多。人们有许多动机批评别人，其中之一便是批评强者，指出强者的缺陷能满足自我可怜的自尊心，发泄嫉妒的恶气。对这类人，你的辩解、愤怒和痛苦正像一头在笼子里团团转的狮子，让他们看了感受到一种极大的快感。

5．换位思考

如果我在他的位置上，我会怎样处理？经常站在对方的角度去理解和处理问题，一切就会变得简单多了。一般而言，善于交往的人，往往善于发现他人的价值，懂得尊重他人，愿意信任他人，对人宽容，能容忍他人有不同的观点和行为，不斤斤计较他人的过失，在可能的范围内帮助他人而不是指责他人。懂得“你要别人怎样对待你，你就得怎样对待别人”“己所不欲，勿施于人”“得到朋友的最好办法是使自己成为别人的朋友”这样的道理，懂得“别人是别人，而不是自己”，因而不能强求，与朋友相处应存大同，求小异。

四、保持良好的心理健康状态

1．积极学习心理健康知识

通过学习掌握有关心理健康知识，学会正确地认识自我，学会适应环境，学会调节、控制情绪，学会学习，学会交际，学会恋爱。树立正确的人生观、价值观。努力把学生塑造成具有高尚的道德情操、具有健全的人格、具有创新能力的有用之才。

2．调整生活目标

每个人都有自己的生活目标，关键是目标的高低是否符合自己的实际情况。假如一个人的生活目标过低，尽管目标容易实现，但那种成就不会给他带来真正的快乐与满足，不利于自信心的增强，而且身心的潜能也得不到挖掘；如果生活目标过高，超过自己的能力，虽然全力以赴，但仍力不从心，无法实现目标，就会产生失败感，挫伤自己的自信心和自尊心。学生来到高职院校，就要清楚地认识到这里就是自己的归宿，是最适合自己发展的场所，学生要利用学校现有的条件来发展自己，成就自己。而不是整天怨天尤人，使自己陷入深深的烦恼之中。

3．学会应对挫折

在生命的旅程中，谁也不会一帆风顺，都会经受挫折和打击。在遇到挫折时，不能悲观，不能轻言放弃，要勇敢地迎接挑战，战胜困难。即使遇到意外打击，也要处变不惊，泰然处之。“不管风吹浪打，胜似闲庭散步”，用乐观、自信的态度和顽强的意志力去战胜困难。在挫折和打击中，不断提高心理承受能力。

4．培养良好的心境

心境是一种持久而微弱的情绪状态。良好的心境具有积极作用，如当一个人兴致勃勃时，无论做什么事情都会有兴趣，积极性都会很高。良好的心境有助于人的积极性的发挥，能够提高学习和工作效率。要相信未来，使其拥有希望，树立自信心，不盲目攀比，以平常心看待生活。这样才能使他们保持良好的心境、乐观的情绪。

5．积极参加有益于身心健康的活动

积极参加校园文化活动，包括学术活动、文体活动、义务劳动、社会实践等。通过参加活动培养学生积极向上的精神，培养学生的集体荣誉感，陶冶学生的情操，提高学生的各项能力。在活动中培养学生健康的心理。

6. 做好职业生涯规划

学生就业问题已经成为学生、学校、社会关注的一个焦点问题。职业不仅仅是谋生的手段，它还是人生态度和生活质量的体现。职业生涯规划是一个自我确定的过程，是一个自我选择的过程。职业生涯规划包括近期规划、中期规划和远期规划，做好职业生涯规划，能使学生树立适合自己的职业理想，学生可以为实现职业理想而有计划、有目的地去学习和工作，减少学习和工作的盲目性。

7. 寻求心理帮助

当前，不少学生对心理咨询存在误解，认为有心理问题的人（患有精神病）才去心理咨询，对心理咨询非常敏感，甚至排斥。即使碰到心理问题也羞于咨询，以致耽误解决问题的最佳时机，使问题复杂化。学生应端正对心理咨询的认识，正确对待心理咨询。

第五章

全面提升新时代烹饪职业道德素养

第一节　树立节约意识

第二节　树立终身学习意识

第三节　培养责任意识

第四节　培养创新意识

第五节　培养奉献意识

第六节　培养团队意识

第七节　树立烹饪职业理想

第一节 树立节约意识

一、餐饮浪费现状

2021年，中国社会科学院中国廉政研究中心、社会科学文献出版社共同发布了《反腐倡廉蓝皮书：中国反腐倡廉建设报告No.10》。蓝皮书设计了“厉行节约、反对浪费”的调查问卷，就当前我国餐饮浪费的现状、原因和对策进行了广泛的社会调查。在回答“目前我国餐饮浪费现象是否严重?”的问题时，认为目前我国餐饮浪费现象“十分严重”或“比较严重”的共占53.2%，超过半数；如果将“十分严重”“比较严重”与“一般”的受访者相加，占比高达83.3%。这表明目前我国餐饮浪费形势依然比较严峻，令人担忧。

1. 餐饮浪费行为整体状况仍较为严重

蓝皮书指出，当前我国餐饮浪费行为整体状况仍较为严重，大部分民众都有餐饮浪费的亲身经历，餐饮企业制止浪费工作仍不到位。但绝大多数民众对餐饮浪费现象深恶痛绝，对制止餐饮浪费的参与热情较高。餐饮浪费行为最主要的成因在于民众缺乏节约意识，最严重的危害在于浪费粮食、影响国家粮食安全。

川菜、东北菜、粤菜等菜系，桌餐、流水席、火锅和自助餐等餐饮形式以及婚宴寿宴、商务宴请、公务接待等就餐场景是我国餐饮浪费的重点领域。

2. 导致餐饮浪费主因：缺乏节约意识、面子文化、没有打包习惯

从日常餐饮到社会生活各领域，浪费现象仍然不同程度存在，挥霍浪费、透支消费还颇有市场。出现种种浪费行为，究其原因，有的是价值观扭曲，攀比心理和虚荣心作祟，以奢为荣、追求享乐，讲排场、好面子；有的是未经历过物质匮乏时期，对勤俭节约难以产生直观体认；有的是缺乏社会责任感，认为节俭与否主要取决于自身经济状况和生活水平，纯属个人行为，对其重要性缺乏全面认识。

在回答“是什么原因导致了餐桌浪费现象?”的多选题时，有多达59.0%的受访者选择了“缺乏节约意识”，位列第一；紧随其后的是“面子文化”，有56.5%的受访者选择；而排在第三的则是“没有打包习惯”，有53.8%的受访者勾选了此项，这三项构成了“第一梯队”，勾选率均在50%以上。排在4到6位的选项依次是“消费观念的变化”“生活水平提高”以及“待客和应酬需要”，分别有49.5%、47.7%和45.9%的受访者选择，勾选率均在40%以上，构成“第二梯队”。“缺少管理和法律上的约束”“炫耀性消费”“饭菜难吃/不合口味”，三个选项组成了“第三梯队”，勾选率在20%以上，分别被30.5%、29.8%、25.2%的受访者勾选。“食物种类太多”“菜量太大”“公款消费”“用餐场景约束”“媒体宣传广告的负面效应”的勾选率均在20%以下，分别有17.9%、16.2%、14%、10.9%、6.6%的受访者勾选（图5-1）。

由此可见，在社会公众的主观感知中，“缺乏节约意识”“面子文化”“没有打包习惯”等是造成我国当前餐饮浪费现象的主要成因。

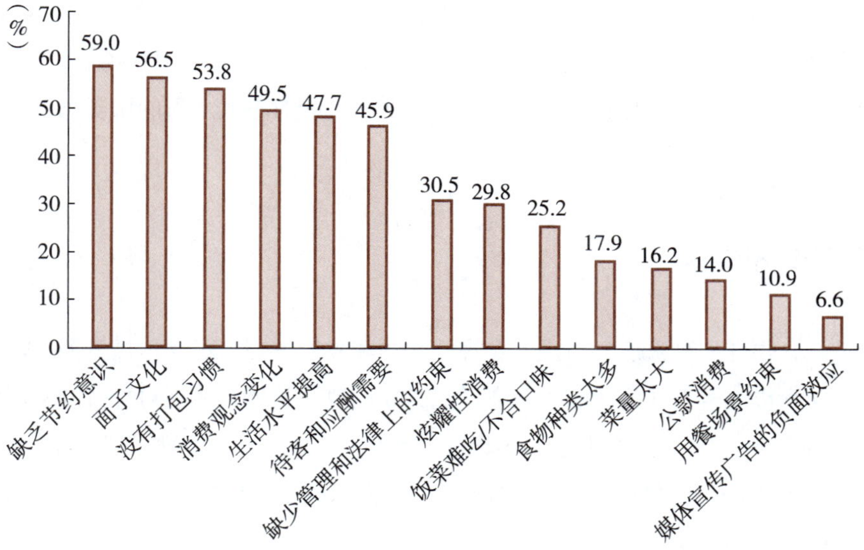

图5-1　导致餐饮浪费的原因

3．最易餐饮浪费的就餐场景：婚宴、寿宴、商务宴请

在回答“哪些场合中更容易出现铺张浪费问题?”的多选题时，受访者认为最容易出现餐饮浪费的就餐场景为“婚宴、寿宴等宴席”，其勾选比例高达75.7%。紧随其后的是“商务宴请”，勾选比例达到了65.7%。排在第三位的是“公务接待”，勾选比例为53.0%。排在第四位是“亲友外出聚餐”，有44.7%的受访者选择了此项。与排在前四位的就餐场合相比，“学校食堂就餐”“家庭聚餐、家宴”“单位食堂就餐”的勾选率稍低，分别有17.3%、17.2%、17.0%的受访者选择，而“自己烹饪”被认为是其中浪费程度最低的就餐场景，仅占2.7%（图5-2）。

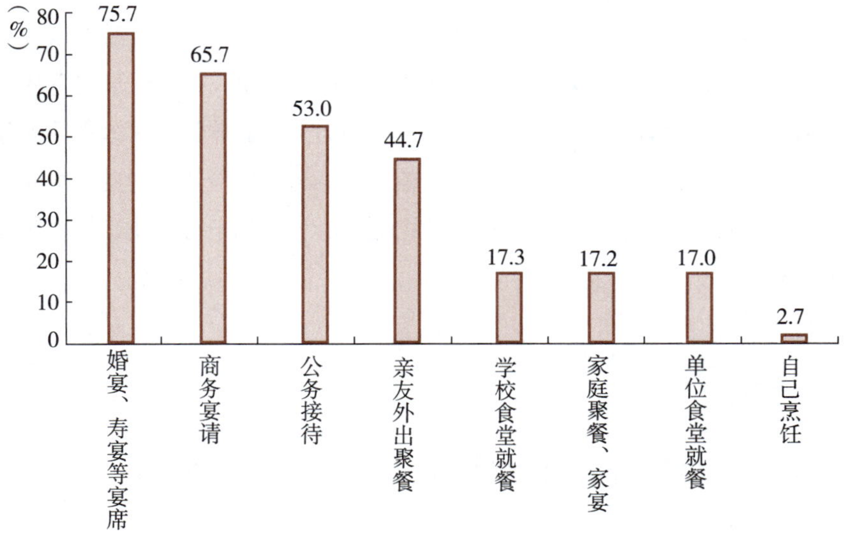

图5-2　容易造成餐饮浪费的就餐场景

因此，在社会公众的主观感受中，浪费程度最高的用餐场景是“婚宴、寿宴等宴席”，而“商务宴请”“公务接待”“亲友外出聚餐”属于浪费程度较高的用餐场景，“学校食堂就餐”“家庭聚餐、家宴”“单位食堂就餐”属于浪费程度相对不太严重的用餐场景，而“自己烹饪”的浪费程度最低。

二、厉行节约的意义

勤俭节约，倡导一种适度、节用、合理的生活和发展方式，蕴含珍惜资源、保护环境的价值取向，包含以艰苦奋斗为荣、以骄奢淫逸为耻的道德品质，体现对可持续发展的重视、对子孙后代的负责，是社会文明的显著标识。从《尚书》提出“克勤于邦，克俭于家”，到诸葛亮崇尚“静以修身，俭以养德”，再到《朱子治家格言》叮嘱“一粥一饭，当思来之不易”，诸多古训格言都彰显了崇俭抑奢的中华传统美德。

中国人民始终继承和弘扬勤俭节约这一传统美德，铸就了艰苦奋斗、勤俭立业的优良传统。1936年，美国作家埃德加·斯诺来到延安，见到我们党的领导人住在简陋的窑洞里，睡在土炕上，穿着用缴获的降落伞做成的背心。他从中国共产党人极其简朴的生活中发现了一种伟大的力量，并称之为“兴国之光”。近百年来，一代又一代中国共产党人发扬勤劳俭朴的精神，砥砺坚不可摧的意志，带领中国人民书写了国家和民族发展的壮丽史诗。党的十八大以来，以习近平同志为核心的党中央出台“八项规定”，以身作则、率先垂范，弘扬勤俭节约的优良作风，大力破除奢靡之风，营造了风清气正、崇尚节俭的社会氛围。

勤俭节约，涉及道德、社会、经济和环境等多方面。对于个人和家庭而言，勤俭节约是一种生活态度和美德。任何物质财富的创造都凝结着劳动者的辛劳，选择节俭的生活方式，体现对自身劳动和他人劳动的尊重。对于社会而言，勤俭节约与公德紧密相连，节俭一旦蔚然成风，便可大大减少社会资源浪费、减轻环境承载压力，成为改变社会风貌的强大力量。

当前，面对前所未有的风险挑战，更要弘扬勤俭节约的优良传统，激发艰苦奋斗的精气神。让勤俭节约蔚成风尚，既迫在眉睫又任重道远，既需要每一位烹饪从业者从我做起、身先示范，又需要整个国家社会层面坚持德法共治，大力开展营养健康、绿色低碳等宣传教育活动，引导群众树牢浪费可耻、节约为荣的价值观念，培养勤俭节约的良好美德，建立健全鼓励节约、整治浪费的长效机制，让勤俭节约内化于心、外化于行，使崇俭抑奢成为全社会的文明追求。

三、反对浪费、厉行节约

青少年是祖国的未来，养成勤俭节约生活习惯，意义绝不只在减少浪费，更重要的是夯实未来社会风尚的基础、个人奋斗的基石。“俭则约，约则百善俱兴；侈则肆，肆则百恶俱纵。”铺张浪费、奢靡挥霍，糟蹋的不仅是物质财富，更会侵蚀民族精神大厦，腐蚀社会风气。节约是美德，节约是财富，拒奢尚俭无论对国家还是对个人而言都是不可或缺的价值支柱。

1．减少宴席浪费

针对宴席浪费较为严重的现象，烹饪从业人员在提供宴席服务时，既要尊重顾客消费需求、又要体现绿色生活方式要求，科学设计菜单或套餐，合理安排宴席流程和餐台数量，切实提升餐品和服务质量，引导顾客理性订餐、合理消费。严禁借提供套餐服务的方式推销过量的宴席，切实减少食品浪费。

2．深化餐饮节约

认真坚持近年来开展餐饮节约活动的有效做法，积极探索餐饮节约的新途径、新方法，推动餐饮节约活动常态化。烹饪从业人员应在餐厅醒目位置张贴节约标识，在菜单上标明食材分量，在套餐上注明建议消费人数，并根据顾客要求提供大、中、小分量的餐品。继续深入推进“光盘行动”，鼓励餐饮企业根据人数和餐品分量主动提醒顾客适量点餐，对餐品种类提出合理建议；提供打包餐盒，适时提醒顾客打包。

3．规范自助取餐

针对自助餐浪费等问题，学习借鉴国内外有益经验和做法，鼓励自助餐企业实行服务押金等措施，提醒顾客按需、少量、多次取餐，增强顾客节约消费的主动性。

4．强化从业者责任

烹饪从业人员要自觉履行社会责任，发挥示范带头作用，把“厉行勤俭节约、反对餐饮浪费”作为内部考核内容，将节约理念贯穿到加工、经营、管理等各个环节，减少餐厨垃圾。餐饮企业管理者在餐厅装修、餐台安排、菜单设计、员工管理、服务流程等方面充分考虑节约消费的需要，可以通过提供奖励券等多种方式对顾客节约消费的行为予以奖励。

5．严格规范服务

要将厉行节约列入烹饪职业培训的重要内容，加强烹饪从业人员职业道德培训，将职业道德纳入员工考核的重要内容，通过奖金奖励、荣誉激励等方式提升职业道德水平。餐饮服务人员要遵守职业道德，严格执行服务规范，在介绍推荐餐饮时，杜绝诱导消费者超出正常范围的点餐消费。

6．增强节约能力

鼓励通过直营、加盟等形式发展连锁网络，发展中央厨房或配送中心，加强业态融合，降低生产成本。

7．发出行业倡议

要在烹饪行业内组织发起“厉行勤俭节约、反对餐饮浪费”的倡议，持续推动餐饮领域的节约活动，鼓励餐饮企业履行社会责任，科学引导就餐，主动提示和提供打包服务；倡导消费者遵守社会公德，摒弃“好面子”“讲排场”的陋习，增强节约意识。

8．加强行业自律

要加快健全“厉行勤俭节约、反对餐饮浪费”的标准，结合实际制定《宴席服务规范》《自助餐服务管理规范》等相关标准，提升餐饮企业绿色发展的水平；探索制定餐饮行业公约，开展烹饪职业道德教育，引导烹饪从业人员主动学习、适应、引领绿色发展理念和服务方式。

9. 开展勤俭节约教育

要把餐饮节约作为职业道德、社会公德、家庭美德、个人品德教育的重要内容，引导人们增强自律意识，践行绿色生活、抵制铺张浪费。要创新开展餐饮节约的主题实践活动，结合不同领域、不同行业、不同群体的实际情况，推动餐饮节约理念进机关、进乡村、进社区、进学校、进企业、进单位，引导人们崇尚自然简约的生活方式。

第二节 树立终身学习意识

一、为什么要终身学习

1. 知识存在半衰期

“半衰期”原来是原子物理的概念，是指放射性物质的一半数量发生衰变所需的时间，由于其物理特性，这个半衰期非常稳定，不受外界因素影响。而现在，这个词往往泛指变化发生所需的时间。随着时代的发展，知识更新迭代速度越来越快。知识会过时，不仅是因为新信息的快速涌现，更是因为我们认识世界的方法也在快速变化。例如：在大数据理念出现之前，我们无法发现“啤酒”和“尿布”之间的关系，通过大数据，我们获得了先接受现实再寻求背后规律的“简单粗暴”的解决问题的方法，这就是新的认知方式带来的变化。要接受这种变化，原来的知识确实帮不上太多忙。

【延伸阅读】

大数据经典案例

互联网还没搞清楚的时候，移动互联就来了，移动互联还没搞清楚的时候，大数据就来了。近两年，“大数据”这个词越来越为大众所熟悉，“大数据”一直是以高冷的形象出现在大众面前，面对大数据，相信许多人都一头雾水。下面我们通过几个经典案例，让大家实打实触摸一把“大数据”。你会发现它其实就在身边，而且也是很有趣的（图5-3）。

1. 啤酒与尿布

全球零售业巨头沃尔玛在对消费者购物行为分析时发现，男性顾客在购买婴儿尿片时，常常会顺便搭配几瓶啤酒来犒劳自己，于是尝试推出了将啤酒和尿布摆在一起的促销手段。没想到这个举措居然使尿布和啤酒的销量都大幅增加了。如今，“啤酒+尿布”的数据分析成果早已成了大数据技术应用的经典案例，被人津津乐道。

图5-3　大数据的技术应用

2．微软大数据成功预测奥斯卡21项大奖

2013年，微软纽约研究院的经济学家大卫·罗斯柴尔德（David Rothschild）利用大数据成功预测24个奥斯卡奖项中的19个，成为人们津津乐道的话题。2014年罗斯柴尔德再接再厉，成功预测第86届奥斯卡金像奖颁奖典礼24个奖项中的21个，继续向人们展示现代科技的神奇魔力。

3．大数据帮零售企业制定促销策略

北美零售商百思买在北美的销售活动非常活跃，产品总数达到3万多种，产品的价格也随地区和市场条件而异。由于产品种类繁多，成本变化比较频繁，一年之中，变化可达四次之多。结果，每年的调价次数高达12万次。最让高管头疼的是定价促销策略。公司组成了一个11人的团队，希望透过分析消费者的购买记录和相关信息，提高定价的准确度和响应速度。

定价团队的分析围绕着三个关键维度。

（1）数量　团队需要分析海量信息。他们收集了上千万的消费者的购买记录，从客户不同维度分析，了解客户对每种产品种类的最高接受能力，从而为产品定出最佳价位。

（2）多样性　团队除了分析了购买记录这种结构化的数据外，他们也利用社交媒体发帖这种新型的非结构化数据。由于消费者需要在零售商专页上点赞或留言以获得优惠券，团队利用情感分析公式来分析专页上消费者的情绪，从而判断他们对于公司的促销活动是否满意，并微调促销策略。

（3）速度　为了实现价值最大化，团队对数据进行实时或近似实时的处理。他们成功地根据一个消费者既往的麦片购买记录，为身处超市麦片专柜的他/她及时发送优惠券，为客户带来便利性和惊喜。

透过这一系列的活动，团队提高了定价的准确度和响应速度，为零售商新增销售额和利润数千万美元。

2. 学习增加法则

在21世纪，知识自满的长期影响，与不锻炼、饮食不健康或睡眠不足的长期影响一样严重。随着社会发展，竞争环境的变化使得学习变成生存需求。根据Our World In Data的数据，在过去的两个世纪里，发达国家的普通人在正式场合学习的时间越来越多。如果其他人学得更多，那么你必须和他们学得一样多才能保证自己不掉队。如果你已经工作了一段时间，你可能意识不到自己落后了多少。但如果你换一个领域，你会很快意识到自己的技能已经过时了。

图5-4　养成终身学习的习惯

首先，新技术在发展，新的知识在不断产生，知识传播的方式也在日新月异地变化。《哈佛商业评论》的一篇文章中写道，目前在大学期间获得的知识只能用五年。但解决之道并不是放弃教育，而是应该养成终身学习的习惯（图5-4）。其次，数据、事实、信息和知识都在成倍增长。随着物联网、更精确地测量工具和在线追踪技术的出现，关于我们和世界的数据量正在快速增长。因此，烹饪行业的研究人员有更多的数据来得出新的科学事实。再次，创造和分享自己想法的人数也呈指数级增长。30年前，创造思想的主要人物是科学家、知识分子和思想领袖。随着社交媒体的出现，数以百万计的人经常创造和分享他们的经验心得。更重要的是，我们会不断忘记自己知道的东西。艾宾浩斯遗忘曲线表明，我们人类随着时间的推移会遗忘自己接触到的所有东西。因此，为了跟上这种快速发展的步伐，我们需要不断更新我们的知识。

二、树立终身学习的意识

新时代，知识更新迭代周期大大缩短，信息爆炸井喷，各种新情况、新事物层出不穷大量涌现，不断冲击颠覆着人们的传统思维认知和工作生活习惯。据研究，18世纪以前，知识更新速度为90年左右翻一番；20世纪90年代以来，知识更新加速到3至5年翻一番。近50年来，人类社会创造的知识比过去3000年的总和还要多。身处时代洪流中的我们每个人，谁都无法置身事外，必须坚持终身学习，与时俱进刷新升级自我认知，才能跟上时代前进的脚步。

1. 牢固树立终身学习的理念

图5-5 树立终身学习的理念

首先，要有“生命不息、学习不止”的观念，使持续学习、终身学习真正成为时代的生存理念。我们必须发扬学而不厌、锲而不舍的精神，终身勤学不辍，不断汲取新信息，获得新知识，掌握新技能，提高自主创新能力，积极应对新挑战（图5-5）。

其次，要刻苦勤奋，持之以恒。勤奋学习既要制定长远的学习目标，又要有近期的学习方案，做到脚踏实地和持之以恒；勤奋学习还要融入一定的学习载体，主动参与各种方式的学习型组织的培训，让自己始终处于兴致勃发的学习氛围中。另外，坚持终身学习，要克服急功近利的功利主义思想，切忌心浮气躁。只有坚持既定的学习目标，如矿工钻探深井，孜孜不倦，方得始终，才可收获学习的成果。

最后，要持续提升烹饪职业素养，坚持干什么学什么、缺什么补什么，有针对性地学习掌握做好本职工作、尽好岗位职责所必备的各种知识，在学中干、在干中学，砥砺敢担当的宽肩膀和能成事的真本领，使自己真正成为行家里手、骨干精英。

2. 把学习和思考有机结合

“学而不思则罔，思而不学则殆。”学习与思考、勤学与善思是相互联系和相辅相成的，不可把二者割裂开来。要善于在快节奏的忙碌工作生活中“偷得浮生半日闲”，为自己在平时的“热运行”中提供一个“冷思考”的宝贵时机，创造一个能静下心来“踱方步”的宝贵时机，反躬自省过往，汲取经验教训，坚持真理、修正错误，使自己的认识和工作立于新的起点，以利实现新的提高。要结合自己的工作实际，脑子里经常装几个问题，利用一切可利用的碎片化时间反复思考、寻求创新突破。要主动与人交流思想、交流学识、交流经验，“集众思，广忠益”，相互学习、取长补短、共同提高。

3. 把学习和工作有机结合

“为学之实，固在践履。苟徒知而不行，诚与不学无异。”一切学习都不是为学而学，学习的目的全在于应用。在实践中不断地发现问题，再用学习的新的理论提供的世界观和方法论来重新审视问题，并根据不同的实际情况、采取相应的措施，那就是理论联系实际的最好应用，也只有这样才能把问题解决好。

工作是个人价值实现社会化的载体，我们要积极营造“学习快乐化、快乐学习化，工作快乐化、快乐工作化”的学习工作氛围，实现理论联系实际、理论指导实践、实践验证理论的多元目标。因此，我们每个人都要有学习的紧迫感，要清醒地认识到，不学习就将会被时代所淘汰，不学习，社会发展就会裹足不前，对个人成长、社会发展，乃至整个国家的发展是百害而无一利的。只有坚持终身学习，才能促进思想观念的更新、精神状态的振奋和思维方式的变革，才能保持与时俱进的步态，日新其德。

时代不断前行，历史的车轮轧轧驶过，每一个时代都具有自己的特点，我们生存的这个时代，学习终身化、文明世界化、经济全球化，一切的一切，都鞭策着这个时代里的每一个人，个人是社会机体的神经末梢，个人的终身学习既能使自己的素养和能力得到提升，也能改变时代和社会的风貌。继往开来，与时俱进，让我们一起携手，学习，进步，再学习，再进步，以担负起这个新时代赋予我们的使命。

第三节　培养责任意识

一、责任的含义及重要性

责任是做人做事的基本素质。在日趋激烈的社会竞争中，对人才的综合素质要求越来越高，人只有有了责任感，才能感到许许多多有意义的事需要自己去做，才能感受到自我存在的价值和意义（图5-6）。对于职业院校学生来说，面对知识经济的挑战和择业就业竞争压力日趋激烈的情况，只有具备责任意识，才能达到“实用人才和熟练劳动者”的标准。

图5-6　责任

在世界500强企业中，“责任”是最为关键的理念和价值观，同时也是每个员工的第一行为准则。一个对企业、对工作负责任的人，才是对自己真正负责任的人。比尔·盖茨说：“如果你有很强的责任感，能够接受别人不愿意接受的工作，并且从中体会出辛劳和乐趣，那么，你就能够克服困难，达到他人无法达到的境界，并得到应有的回报。”当我们把工作当成一项神圣而伟大的事业，用整个生命去实践的时候，人生往往更容易激发出绚丽的色彩。

在每个人的生活和工作中，有相当大一部分时间是和责任联系在一起的。有人说，如果你非常热爱工作，你的生活就是天堂；相反，假如你非常讨厌工作，那么你的生活就是地狱。这二者之间的反差之所以如此之大，其关键因素就在责任在你心中的分量大小不同。强烈的责任感，可以激发你忘我的坚守，促使你出色地完成工作任务；相反，责任感的匮乏则会使你产生倦怠、消极的思想，无法保证工作的圆满完成。

负责任的人才是企业真正需要的人。现在，几乎每个企业都非常强调责任的力量，在用人时都非常强调人的知识、技能与责任感的融合。目前，烹饪从业人员的知识、技能相差不会太大，而真正造成工作落差的原因就在于“责任”二字。“没有做不好的工作，只有不负责任的员工。”企业的每个员工，无论你的职位高低，都对企业负有不可推卸的责任。正是责任保证了企业的竞争力，也保证了员工工作的积极性。

对于个人而言，责任是一个人有所成就的不竭动力；对于企业而言，只有每个人的责任汇聚为整个团队力量，这个企业才有凝聚力，才能获得持续的发展。一个人无论多么优秀，他的能力都是通过尽职尽责的工作来完美展现的。如果他不愿意承担责任，缺乏责任心，那么，即使他工作一辈子也不会有出色的业绩。一个企业无论多么强大，都是依靠每个员工执着的责任心凝聚起来的，如果员工的责任心普遍匮乏，那么，企业迟早要走向破产的境地。

根据对职业院校的就业情况调查，用人单位认为毕业生最欠缺的因素指标中，排在前5位的分别是：①责任意识；②解决问题的基本能力；③承受压力、克服困难的能力；④相关工作或实习经验；⑤沟通协调能力。可见员工的社会责任感越来越受到用人单位的关注。

二、明确自己所承担的各种责任

1. 对自己的责任

明确自己的奋斗目标，自尊、自爱、自制、自强，能利用一切条件和各种机会发挥自己的潜能。努力学好专业知识，使自己成为拥有一技之长的人，热爱劳动，做好班级的清洁卫生，积极承担任务，从而增强责任心，养成良好的行为习惯。林肯曾经说过：“每一个人都应该有这样的信心，人所能负的责任，我必能负；人所不能负的责任，我亦能负。如此，你才能磨炼自己，求得更高的知识而进入更高的境界。”从自身做起，从小事做起，进行责任实践。

2. 对家庭的责任

尊重、体贴、帮助父母；关心、照顾长兄和兄弟姐妹；热爱家庭，履行和担负起家庭的各种责任。周末和假期多承担家务，多与父母交流，汇报自己的思想，让父母知道我们的每次进步。多参加社会实践，在做中学，在做中提高。

3. 对他人的责任

接受和信任他人，富有深厚的怜悯心、同情心；尊重他人的人格，尊重他人的不同意见和看法；平等待人，有事大家商量；同学、朋友团结友爱、和睦相处；尊老爱幼，关怀病残弱群体；信守诺言。

4. 对集体的责任

在班级中，重视班级的奋斗目标，把个人的奋斗目标和班级的奋斗目标相结合。在班级中找到一个合适的位置，作为班集体中不可缺少的一员，可以主动承担一项具体的工作，在一点一滴的小事中潜移默化培养爱集体的责任心，为班集体做贡献。

三、责任意识培养的“五个阶梯”目标

目标阶梯之一：对自己负责。培养自尊、自信、自律、自主、自强的意识。

目标阶梯之二：对他人负责。尊重与接纳他人，富有爱心与合作精神。

目标阶梯之三：对集体负责。主动关心爱护集体，珍视集体的荣誉，解决参加集体事务

和各项活动履行应尽的义务，学会共享，主动为集体发展尽职。

目标阶梯之四：对家庭负责。尊老爱幼，为母分忧，营造温馨家庭氛围。

目标阶梯之五：对社会和国家负责。勤奋学习，努力工作，讲爱心与奉献，积极参与公益活动，爱护环境，树立远大理想，立志报效祖国。

第四节　培养创新意识

一、创新的含义

创新意识是人们根据需求，在追求新事物认知的过程中所表现出来的勇于开拓、不断探索的思想观念和精神。

在创新活动中，创新意识是创新活动的基础，更是创新活动动力的所在。创新意识指导着主体在追求新事物时所表现出的一种积极向上、勇于探索、不安于现状的一种精神，是人对于自我的创新，是人自我意识的发展。创新意识与创新能力如“车之两轮，鸟之两翼”，决定着创新的发展过程。

二、培养创新意识

在培养创新意识时，不能单独依靠学校、老师和家庭等外部因素来培养自己的创新意识，最根本、最重要的是要进行自我培养。因为创新意识是需要自己产生的，外部环境起到的更多是促进、催化的作用。

1. 建立良好心理品质

良好的心理品质的形成对于创新意识的养成起着至关重要的作用，好奇心、求知欲、怀疑感等都是创新意识培养时的重要心理品质。

好奇心、求知欲、怀疑感从某种角度来说是连贯的，当一个人看见陌生事物时，先会产生好奇心，紧接着为了弄清楚这个事物，就会激起他的求知欲，当他与别人进行交流时，因自身对于相同事物有不同于他人的感受和体验，导致他对于他人感受和体验的怀疑与反对，这就激起了他的怀疑感，为了证明自己的怀疑，想尽一切办法去了解、去发现、去解决问题所在，经过不断的探索，最终产生了对事物的新的认识，这就是一个创造、创新的过程。所以创新意识的培养离不开好奇心、求知欲、怀疑感等优秀心理品质的培养。

而对于现阶段的我们来说，比较缺乏的方面往往是求知欲和怀疑感。学习生活中，我们自我反思一下：是不是对新鲜事物是有一定好奇心的，但主观上是不愿意进行深究？因此，我们应当在平时的学习生活中加强这些心理品质的养成。具体而言就是要每天在学习和生活中都要积极发现新事物，发现新问题，当自己遇见问题时不能置之不理，要积极地寻找解决问题的方法。对于权威所提出的观点、书上的内容要敢于问为什么，敢于去质疑，敢于刨根问底，不能因为是权威和书本上提出来的观点就认为它们是绝对正确的，也要学会从他人的见解中去发现问题，并通过自己的想象力从新的角度去解决问题。

2．发展兴趣爱好促进理论实践学习

很多时候，我们往往对学习和生活都没有动力，缺乏热情，对于自己的人生并没有什么规划，也没有什么目标。那么，要摆脱这种消极情绪，首先是自身要建立良好的人生目标，端正自身的学习态度，接受知识的速度可以慢点，但是态度要端正。其次是要热爱生活，在自己的生活中能发现自身兴趣爱好、发现美，以此来提升自身的软实力。对于现阶段的我们而言，专业知识水平的高低和自身实践能力的强弱，深深影响着自身未来在岗位中的发展与创新。

首先，应该掌握扎实的理论知识，认真对待每一门课，经过不断地学习，在专业水平上也可以有很大的提升。在学习知识时，切记不要死记硬背，要从生活中、实践中去充分理解知识，要通过打开自身的视野，来开阔自己思考问题时的思路，通过兴趣爱好的培养来促进学习的动力。在学习理论知识时或多或少都会有疑问，在听老师讲课时可能会觉得老师讲的哪里不对，这个时候一定不要弃之不理，应该有一种打破砂锅问到底的精神，凡事问个为什么，书本的内容、老师的知识、权威的话语也不全是对的。在理论学习中要培养自己的求知欲，主观上接受并愿意坚持去做才能让自身得到全面提升。

其次，是实践学习。其实，创新本身就是一个与实践联系非常紧密的活动。古今中外，很多教育家都说过创新离不开实践。只有通过实践的探索才能引发创新，也只有通过实践的检验才能促成创新。创新就是要求个体深入到实践中去，将实践当作是一种探索、一种尝试，也许经过无数次失败的实践都达不到最终结果，但是这种永不放弃、坚韧不拔的品质对于人的提升也很大，可以说是在磨炼人的意志。因此，作为职业院校的学生，我们一定要在学习、生活包括未来的工作中做到由趣中做、从做中学、在学中创。

3．培养创新型思维方式

创新型思维是新时代背景下创新意识的重点，作为职业院校学生只有拥有创新思维才能在现在这个“万众创新”的时代立于不败。创新思维是发现新办法去处理事务的一种思维过程。作为学生，创新思维容易受到习惯性思维、从众型思维、权威型思维、书本型思维等这些不利于创新的思维方式的影响。

所以，我们在学习实践中，如果遇见问题，应当合理避免通过以往思考和经验所形成的思维过程和方式，这样才能解开阻碍自身创新时的思想束缚。我们更应该培养自身的独立思考能力，只有转变自身的思维方式，才能拉开与其他人的差距，最终实现创新。思维的独立性是创新意识培养不可缺少的要素。对于我们而言，从权威身上学到的应该是他们如何发现和创造的方式、方法和他们在探索时的精神品质，而不是一味地模仿他们的理论，觉得一些陈旧的理论成果就是真理。

因此，我们在认真学习相关理论知识的同时，不能过多地受书本知识的干扰，可以通过实践对这些理论知识进行检验，通过自身积极的思考，锻炼自身思维能力，从而丰富和完善这些理论。在平时的学习生活中应当与老师多沟通，和老师共同探讨问题，学习他们在思考解决问题时的思维方式，锻炼自身的思维能力，形成发散思维。所以，我们在课堂上要积极探讨，利用好这些机会提升自己的思维能力。同时，我们在自主的学习实践过程中要有敢于批判权威、质疑权威的精神，在学习生活中要有实事求是的态度，真理是经得起检验的。要让自己的思维变动得更加独立，做自己思维上的主导者。随着社会的发展，社会越来越尊重人的主体性、独立性。我们要培养自身的主体意识，良好的主体意识是思维独立性的前提，它可以促进创新思维能力的提升，从而最终实现创新意识的自我培养。

三、烹饪创新思路

创新菜可以是原料上的创新，不同的原料配搭在一起，比如新原料与传统原料相结合，新原料与新原料相结合，或是不同的原料组合在一起，都可以说一种创新；再有就是口味创新，相同的原料换成不同的口味去做，就可以说是口味上的一种创新。在竞争日益激烈的社会中，厨师只有靠不断创新，才能寻求更长足的发展。厨师如何创新，也有一定的章法可循。

（一）在原料选择使用上

烹饪原料是泛指人们通过烹饪工艺等活动制作菜肴、点心、小吃等的可食性材料。新原料的发掘和使用，可以从以下几个方面来考虑：

1. 通过巧用各种现有原料

（1）西料中用　随着全球经济一体化，西餐原料在我国也得到了进一步的推广使用，如荷兰豆、西蓝花等。

（2）土料洋用　将乡土原料、野生原料，开发制作成精细产品，如南瓜、山芋、南瓜藤等。

（3）药材菜用　将传统认为只能作为药材的原料，用以烹制或佐助烹调菜肴，如当归、枸杞用于烧制菜肴等。

（4）一料多用　开发原有原料，使其烹制出更多菜肴，如三文鱼（图5-7）、咸蛋黄系列菜等。

图5-7　三文鱼

2. 改变原料质地成为新菜品的变化

人们常采用脱水、盐渍、腌、冷藏，或对原料采用焯水、白煮、过油等处理方法，在改变原料质地的同时增添了新的菜肴。如腌制品的腊肉、香肠、风鸡，又如盐渍和腌制的盐渍菌、笋干，其他脱水类的金钩、干贝、肉松等烹制出的菜肴。运用四川泡菜的泡制方法制作新菜品，如泡凤爪、泡猪耳等菜肴。

（二）在烹调方法的创新上

烹调是综合运用各种技术手段和相应的技术设备，将烹调原料加工成可供直接食用的菜肴，以满足人们在饮食方面物质和精神的享受的过程。

1．改变烹调方法

“炒”的菜肴，可以用“爆”的技法加工成为菜肴，干煸系列、水煮系列、火锅系列也可以用“煸”的技法加工成为菜肴，其菜肴的风味特色、质感各有区别（图5-8）。

2．（创新）烹调方法烹制出新菜品

烹饪技法是从生食、浸渍、火燎、石烹、罐煮、笼蒸、炉烤、油炒，到现今的电炉烘、微波烹发展过来的。餐厅中销售的“石烹基围虾”，餐桌上面用燃酒“烤羊肉串”，筵席冷菜中的“盐焗香辣鸡”，用锡箔卷裹在水中煮熟的“鱼香三文鱼”等，在当时无一不是给人一种新颖的感觉。随着科技的发展，如太阳能、地热能、风能、水热能、空气能的转换的应用，将来一定会有更多的新型烹饪技法诞生。

3．综合创新烹饪技法

在传统的烹饪技法的基础上，打破中、西烹饪技法泾渭分明的固定格局，进行改良组合、模仿、借鉴、综合、逆创，以推出采用新烹饪方法制作的菜品，如将油酥面配合菜肴制成酥盒虾仁（图5-9）、酥皮海鲜，将传统红烧甲鱼进行生炒等。

图5-8　改变菜肴烹调方法

图5-9　酥盒虾仁

（三）研制推出新颖口味

组合味型的菜肴大可开发，通常可以采取以下几种思路：

（1）西味中烹　将西餐烹饪的调味料、调味汁或调味方法，用于烹制中菜，如沙律海鲜卷、千岛石榴虾等。

（2）果味菜烹　将水果、果汁用于菜肴调味（图5-10），如椰汁鸡、菠萝饭、橙味瓜条。

图5-10　果味菜烹

（3）旧味新烹　将已经流行过，近年很少使用的调料或味型重新烹制菜肴，如辣酱油烹鸡翅、豆酱炒洞虾等。

（4）新味旧烹　用新近出现的调料烹制传统原料，从而推出新颖菜品，如XO炒鸡柳、黑椒炒鳝花等。

（四）翻新变化装盘与盛器

将装盘的方法与盛器和菜肴的组合进行调整，同样可以推出新的视觉、质感的菜肴：

（1）器皿多变　如用竹器、漆器、铁板等盛装菜肴；尤其是在同一桌筵席上的菜肴，会给客人以丰富多彩、耳目一新的感觉。

（2）组合多变　即将冷菜、热菜的组合进行整分结合、区别调整的策略，有和食，有成肴（筷、勺取之即可食），有组合成肴（需客人或餐厅服务员将两种或两种以上食品取中组合方可食用）等。

【延伸阅读】

烹饪创新基础原则

1．必须要有扎实的基本功

基本功是创新菜品的最基本也是最重要的环节。必须将基本功纯熟掌握，刀工、刀法以及火候的掌握必须做到娴熟于心。所谓的火候，就是指在烹调操作过程中所用的火力大小和时间长短，只有运用得恰到好处，才能烹制出美味菜肴。

2．必须明晰各种调味料的属性

无论哪个菜系，无论哪些调味料，大体都逃不出苦、辣、酸、甜、麻、咸、鲜这七味。但如何合理运用这七种味道，使其升腾出成百上千的不同滋味，就需要厨师必须明晰各种调味料的属性，如何合理配搭是创新菜的关键点之一。

3．不能违背本地区大多数人的口味与饮食习惯

这一点毋庸置疑。创新菜无论怎么创新，如果偏离了本地区大多数人的饮食习惯，那绝对是行不通的。

4．尊重传统但不迷信传统

尊重传统，就是要让传统的东西为现代服务，不迷信传统，就是说有些传统的烹饪手段或者手法，现在看来相对是不科学的，就需要我们将其摒弃。

5．将传统的烹饪方法与现代科技相结合

随着科技的发展，现代的一些新式厨具、设备层出不穷，掌握他们的食用方法与技巧，对创新菜无疑是一种简单的飞跃。即便是用传统的烹饪手法，用这些新式厨具、设备烹制出来，都可以说是一种创新。

6．菜点结合或将成为趋势

菜肴和面点结合的思路，可以是中国菜肴变新的一种独特风格。所谓的菜点结合，是菜肴、点心在加工制作过程中，将菜、点有机组合在一起成为一盘合二为一

的菜肴。

7．要懂得膳食平衡与营养调配

吃饱、吃好目前已不能满足食客的需求了，吃出健康来，才是现代饮食的追求。回避合成食品原料，多开发利用绿色食品，将是创新菜的一大方向。

8．盘饰上的创新必不可少

雕花和简单的花草装饰似乎已经不能满足日益多元化的菜式需求了，那么如何创新？自己设计、定制出品菜肴的器皿，或许将来会是大势所趋。

9．创新菜的灵感往往在“诗外”

除了专业，如果有时间，厨师们应该多涉及一些其他领域的知识，是激发菜品创新灵感的一大源泉。

10．要有利原料综合开发和充分应用

开源节流、杜绝浪费，是厨房里的老生常谈，但也是亘古不变的真理。

第五节　培养奉献意识

一、奉献的含义

奉献是一种道德理性精神，是时代精神的重要组成部分，是公民社会责任意识的重要体现，奉献更是一种整个社会真情、友爱、美好品德之善良无私的高尚品质，是超然物外的德行文化培植的结果。

奉献表现为一种能动的意识活动。它是一种社会意识，是青年一代进行社会主义精神文明建设的应有之义，是集崇高的思想品格、正确的价值取向和高尚的道德规范于一身的。奉献意识既是一种理想信念，也是一种精神特质，更是一种文明风尚。

二、奉献的重要性

培养奉献意识，不仅能提升服务他人、奉献社会的思想道德素质，而且有助于树立纯良的思想道德观念，培养有担当、有理想、有德行、有素质的社会主义优秀人才。青年是一个民族和国家的希望，作为当代职业院校学生，更是践行奉献意识的主力军，理应肩负起积极践行奉献意识的重要使命。新时代，培育和践行奉献意识不仅对我们成长、成才有推动作用，而且对建设社会主义和谐社会也具有重要价值。

1．有利于提升个人修养

奉献意识能够帮助我们树立科学的世界观、人生观、价值观，并把学习科学文化知识和加强自身修养结合起来，把实现自身价值和服务祖国事业结合起来，进而明确社会进步和自身发展所需要的知识和技能，清楚地意识到自己的学习动力与目标，以此激发自身强烈的求知欲以及提升自身素质与修养的要求。培养奉献意识还有助于提升自身的科学思维能力，培养自己坚强的意志，养成诚信、负责等良好的品质。奉献意识也能够使我们在自我完善过程中保持开阔的视野、宽广的胸怀，在成长成才的道路上坚定信念、百折不挠、艰苦奋斗、脚踏实地。

总之，奉献意识的培养有利于提升个人修养，同时，这也是使自己融入社会大集体的前提条件。作为社会建设的中坚力量，只有融入社会，为社会做贡献，个人价值才能得到真正的体现。

2. 有利于践行社会主义核心价值观

社会主义核心价值观是我国社会核心价值诉求最集中、最鲜明的体现，在整个社会生活中居于统治地位，是起主导作用的核心价值理念。党的十八大提出了社会主义核心价值观，通过对国家、社会、个人三个方面的要求回答了我们要建设什么样的国家、建构什么样的社会、培养什么样的公民的重大问题，这成为当代中国精神世界的“价值公约数”，确立了当代中国发展进步的价值引领。党的十八大以来，习近平总书记发表一系列重要讲话，在中央政治局集体学习时强调：“把培育和弘扬社会主义核心价值观作为凝魂聚气、强基固本的基础工程”，在北京大学讲话时，将社会主义核心价值观的培育和践行提升到同实现“两个一百年”奋斗目标和实现伟大复兴的中国梦一个高度，可见，培育和践行社会主义核心价值观是全党全社会的共同责任。

在情感认同方面，奉献意识的培养旨在提升我们的责任感、使命感、荣誉感，这与社会主义核心价值观中“爱国、敬业、诚信、友善”的积极情感相契合。奉献意识可以潜移默化地辐射带动其他社会主义道德意识的养成，进而有效应对当今社会思潮与意识多元化的挑战，自觉抵制社会中不良社会风气的侵蚀。

3. 有利于实现自我超越

人具有自我主体性，即人们注重的是从自身利益出发，更加关注自我。马克思肯定了个人利益的同时也提出了个人的需要必须建立在集体之上的观点。个人与集体属于“我中有你、你中有我”的共存关系。奉献意识可以帮助我们调控自身活动，因为这不仅仅涉及个人利益，还能保证集体利益的实现，即使我们在活动过程中行为方面有所偏离，奉献意识也会及时对行为进行矫正并增加强度。其次，奉献意识秉持利他主义价值观念，秉持奉献大于索取的价值取向，将实现自我超越和奉献社会相结合，直面拷问人的存在价值，能激起我们对人的生存价值和生命意义的高度关注，不断地为自我发展积蓄力量，积极倡导奉献意识，实现自我超越的同时为社会创造更多有意义的价值。

三、如何培养奉献意识

奉献意识的培育和养成，是一个多层次、全方位的过程，这种意识实质上是世界观的一种，是由心理、思想和行为构成的统一体。培养奉献意识我们可以从以下三方面入手。

1. 提升自我人格修养

一方面，人格修养的提升过程也就是个体积极主动使自身人格不断优化完善的过程，体现出一种内在心灵美和表里如一的特征，是人的三观、思维方式、心理素质等综合体现，我们可以通过掌握必要的奉献及志愿相关理论知识、养成有规律且劳逸结合的生活习惯、合理宣泄和排解不良情绪等方式，通过自身认知的学习以及多接触大自然，不断提升自我人格修养。

另一方面，激发个体奉献情感。作为先锋群体，我们要坚定其崇善崇德理念，在与他人相处和交往时，要秉持宽容大度、互帮互助、助人为乐的观念。无论是友情、爱情或其他人际关系中，都不应该是斤斤计较，小肚鸡肠，学生要做到“赠人玫瑰，手留余香”，做好事不留名，做好事不求回报，乐于助人而不功利化，真正做到从内心去激发自身奉献情感。

2. 提高责任感和服务创新意识

一方面，要有社会责任感。除了对自身专业知识的学习，还要重视自身道德素养和内在意识的塑造。社会责任感是一种崇高的道德品质，当遇到吃力不讨好的事情，付出不一定有回报时，要坚定奉献意识价值观，要平衡物质理想和道德素养的关系。我们每个人都是社会的一分子，是集体的一分子，更是家国的一分子，要摒弃自私自利、损人利己的想法，抛弃以自我为中心的观念，只有树立正确的社会责任感，关注他人、奉献社会这种价值认同才会被自觉地践行到实践活动中去，将个体的社会责任感真正回归到奉献意识的培育中去。

另一方面，要树立服务创新意识。积极参与志愿服务，在志愿服务的过程中，更多地了解社会，锻炼自己的能力。

3. 把奉献意识外化为奉献行为

马克思主义实践论与认识论表明认识来源于实践，实践也是检验真理与谬误的唯一标准。我们唯有通过自身亲身实践方能认识奉献意识这种道德品质的全貌，奉献意识不仅来源于实践，更要回到实践中去。思想、理论和实践是息息相关的，我们不能只会啃书本应试，要把书上的东西转化为实际生活所需。

第一，积极参与符合实际、接地气的实践活动，尤其是要参与与奉献意识密切关联的实践活动。如奉献意识知识竞赛、演讲比赛和学术报告等活动，可以提高自身热情，逐步培养兴趣，使自己对奉献意识相关理论知识有更加具体、更加深刻切身的体会，这样也有利于增强学生实践的针对性和实效性。

第二，积极参与社会公共领域的公益实践。比如“帮扶助学”“清洁校园卫生环境”校园公益活动，积极参加帮扶活动，在周末或者节假日到敬老院进行送温暖献关心，能够让自己切身体会到帮助他人给自己带来的荣耀和正义感。在持续不断的社会实践活动中，将奉献意识的内涵内化于心，外化于行，做到知行合一。

第六节　培养团队意识

一、团队意识的含义

团队意识是指，我们能够意识到自己所处某个团队，并且对自己所处的团队富有感情，愿意为了团队的目标而主动与其他成员共同努力的一种积极心理，这种积极心理包括对团队有强烈的集体认同感、集体归属感以及集体荣誉感。

集体认同感是个人由于集体身份而产生的认知、情感和态度，也就是个体身为某一团队成员的自我观念。集体认同感能够使其自觉地增加为团队服务的倾向，更有甚者，愿意牺牲自己的利益，以维护自身所认同的团队。

集体归属感是指个体感觉到被集体或团队需要以及接纳的一种心理感受，其实就是一种被承认、被接纳，在集体里心里感到温暖、安定的一种感觉。

集体荣誉感是一种热爱并且关心集体、乐意主动为集体尽义务、做贡献、争荣誉的道德情感。集体荣誉感能够让我们自觉地意识到自己作为某个集体成员的尊严和荣耀，进而产生的更热爱集体、更珍惜集体荣誉的心理倾向。

对于学生而言，团队意识也是我们生活、发展和成才的重要因素之一。我们的学习和生活基本上是在团队中进行的，例如班集体、社团、宿舍、学生党团组织等，每个人都要多方位地置身于几种不同的团队当中，所以团队及团队意识对于当代学生而言具有重大意义。

同时，越来越多的用人单位甚至整个社会都已经倾向于把团队意识作为衡量候选人综合素质的重要指标之一。在选择录用人才时，用人单位对应聘者的团队意识状况相当重视，比如面试的无领导小组讨论，笔试的问题情景模拟等，试图从多方面考察应聘者的团队意识和团队合作能力。

当下我们所处的环境纷繁复杂，面临着科技的进步、网络社会的冲击、各种文化的融合以及经济的飞速发展。当今时代正经历着巨大的转型和发展，在这样的社会，单单凭借个人能力去解决重大问题的可能性变得微乎其微，而更多的成果是要靠“集体大脑”来完成。因此，在这样的环境下，团队意识培养更显得尤为重要。

二、培养团队意识的途径

我们可以通过以下几种途径培养团队意识。

1. 表达与沟通能力的培养

培养团队意识中的表达与沟通能力是非常重要的，不论你做出了多么优秀的工作，不会表达，不能让更多的人去理解和分享，那就几乎等于白做。比如面试时，每个人的时间也就10分钟，如果不能在有限的时间里好好推销自我，可能就与一个好机会擦肩而过了。我们常说“行胜于言”，主要是强调做人应该多做少说。但现代社会是个开放的社会，你的好想法要尽快让别人了解。所以要注意培养这方面的能力。抓住一切机会锻炼表达能力，积极表达自己对各种事物的看法和意见，并掌握与人交流和沟通的艺术。

2. 培养自己做事主动的品格

我们都有成功的渴望，但是成功不是等来的，而是靠努力做出来的。任何一个企业都不喜欢只知道听差的人，我们不应该被动地等待别人告诉你应该做什么，而应该主动去了解社会需要我们做什么，自己想要做什么，然后进行周密规划，并全力以赴地去完成。

3. 培养敬业的品质

几乎所有的团队都要求成员具有敬业的品质。有了敬业精神，才能把团队的事情当成自己的事情，有责任心，发挥自己的聪明才智，为实现团队的目标而努力。要记着个人的命运是与所在的团队、集体连在一起的。这就要求我们有意识地多参与集体活动，并且想方设法认真完成好个人承担的任务，养成不论学习还是干什么事都认真对待的好习惯。要知道，有才能但不敬业的人没人敢用。

4. 培养自己宽容与合作的品质

今天的事业是集体的事业，今天的竞争是集体的竞争，一个人的价值在集体中才能得到体现。所以21世纪的失败将不是败于大脑智慧，而是败于人际的交互上，成功的潜在危机是忽视了与人合作或不会与人合作（图5-11）。

图5-11　合作意识

企业在考察员工时发现，有些人的动手能力强，点子也不错，但当他的想法与别人的不一致时，就是固执己见，不肯与人商量；当问及与领导的关系时，有些员工说了领导许多不好的话；当让员工谈一谈自己的同事时，他们对同事很挑剔，缺乏客观看待事情的品质。有的员工，在家里都是被照顾、被包容的珍宝，特别有一些家庭环境比较好或有家庭问题的人，由于有优越感或对周围的人缺少信任感，更不容易做到宽容待人和与人合作。实际上，集体中的每个人各有各的长处和缺点，关键是我们以怎样的态度去看待。能够在平常之中发现对方的美，而不是挑他的毛病，培养自己求同存异的素质，这一点对当代职场人士来说尤其重要。这就需要我们在日常生活中，培养良好地与人相处的心态，并在日常生活中运用。这不仅是培养团队意识的需要，而且也是获得人生快乐的重要方面。

5. 要培养自己的全局观念

培养团队意识不反对个性张扬，但个性必须与团队的行动一致，要有整体意识、全局观念，考虑团队的需要。培养团队意识要求培养团队意识中的成员互相帮助，互相照顾，互相配合，为集体的目标而共同努力。曾经有这样两个学生：他们共同承担一个项目，但其中有分工。其中一位在完成任务的过程中遇到了技术上的难题，此时他只会自己冥思苦想乱翻书，却不屑于向坐在旁边的高手请教一下。而这位高手此时不是把他当作是荣辱与共的合作伙伴，而是坐在旁边等着看笑话。这是我们应该吸取的教训。所以在学习生活以及今后的实习中，要有意识地培养全局观念。比如要建设一个优秀班组，就不能只考虑自己的需要而不关注别人的感受。要建设一个优秀部门，每个人就不能借口自己有这样那样的事情而不参与集体组织的活动，否则将会像一盘散沙，优秀集体难以形成，自己也很难从中受益。

第七节　树立烹饪职业理想

一、职业理想的概念

职业理想是人们在职业上依据社会要求和个人条件，借想象而确立的奋斗目标，即个人渴望达到的职业境界（图5-12）。它是人们实现个人生活理想、道德理想和社会理想的手段，并受社会理想的制约，是人们对职业活动和职业成就的超前反映，与人的价值观、职业期待、职业目标密切相关，与世界观、人生观密切相关。

图5-12　树立职业理想

二、职业理想的特点

1. 差异性

职业是多样性的。一个人选择什么样的职业，与他的思想品德、知识结构、能力水平、兴趣爱好等都有很大的关系。政治思想觉悟、道德修养水准以及人生观决定着一个人的职业理想方向。知识结构、能力水平决定着一个人的职业理想追求的层次。个人的兴趣爱好、气质性格等非智力因素以及性别特征、身体状况等生理特征也影响着一个人的职业选择。因此，职业理想具有一定的个体差异性（图5-13）。

图5-13　差异性

2. 发展性

一个人的职业理想会因时因地因事的不同而变化。随着年龄的增长、社会阅历的增强、知识水平的提高，职业理想会由朦胧变得清晰，由幻想变得理智，由波动变得稳定。因此，职业理想具有一定的发展性。

3．时代性

社会的分工、职业的变化，是影响一个人职业理想的决定因素。生产力发展的水平不同、社会实践的深度和广度的不同，人们的职业追求目标也会不同，因为职业理想，它总是一定的生产方式及其所形成的职业地位、职业声望在一个人头脑中的反映。

三、职业理想的作用

1．导向作用

理想是前进的方向，是心中的目标。人生发展的目标是通过职业理想来确立，并最终通过职业理想来实现。俄国的托尔斯泰曾说过："理想是指路的明灯，没有理想就没有坚定的方向，就没有生活。"同学们在现阶段的学习生活中也已经深切地感受到，一旦学习目的不明确，学习的热情就会低落，学习的效果就不明显。因此，有了明确的、切合实际的职业理想，再经过努力奋斗，人生发展目标必然会实现。

2．调节作用

职业理想在现实生活中具有参照系的作用，它指导并调整着我们的职业活动。当一个人在工作中偏离了理想目标时，职业理想就会发挥纠偏作用，尤其是在实践中遇到困难和阻力时，如果没有职业理想的支撑，人就会心灰意冷、丧失斗志。此外，如果一个人只把自己的追求定位在找到"好工作"上，即便是将来有实现的可能，也不能算是崇高的职业理想，因为，这样的理想一旦实现，他就会不思进取，甚至虚度年华。总之，一个人只有树立正确的职业理想，无论是在顺境或者是在逆境，都会奋发进取，勇往直前。

3．激励作用

职业理想源于现实又高于现实，它比现实更美好。为使美好的未来和宏伟的憧憬变成现实，人们会以坚韧不拔的毅力、顽强的拼搏精神和开拓创新的行动去为之努力奋斗。12岁时，周恩来就发出"为中华之崛起而读书"的誓言，表达了他从小立志振兴中华的伟大志向。同学们，你们是学生，你们有什么样的理想呢？我想，我们应该向敬爱的周总理学习，从小立志，树立一个崇高的人生目标，然后，为实现这个目标坚持不懈，奋斗不止，为人民，为国家做出贡献，这样的人生才有意义。

四、烹饪职业理想

现在学烹饪不仅仅学的是一份手艺传承，还是一个技术工种的革新，更是一个行业的变革，国家一直在提倡"工匠精神"，何为工匠精神？烹饪就是工匠精神，烹饪从业者不仅是手艺人，也是饮食文化的传承人，是无法被互联网智能替代的，也是随着科技的不断进步，越来越受重视和尊重的一群人。这是烹饪最好的时代，也是烹饪从业人员们提升社会地位最有力的时代。

现如今，烹饪从业人员养成的渠道，更规范化、科学化，由正规的学校培养成一个个“观全局”的饮食引领者。他们有文化、有知识、有技术、有能力，未来的烹饪从业人员发展的空间也就更大。而关于烹饪从业人员未来的发展路线，目前来看，主要有这三大方向。

1. 专业的技术型人才

具有工匠精神，肯钻研烹饪技能的烹饪从业人员，将是未来真正的烹饪大师。他们有一手绝活，靠自己的手艺吃饭，有自己的拿手菜，善于创作、制作各式名菜名点，受行业尊重，受顾客尊重，可谓烹饪大师（图5-14）。未来这一类烹饪从业人员的薪资将非常高，并且受大家尊重。

图5-14 专业烹饪大师

2. 掌控全场的管理型人才

很多烹饪从业人员在展现自己技术能力的同时，往往也从另外一个角度展现了自己的管理才华，他们具备管理一个厨房的能力，也具备管理一个店，甚至一个餐饮集团的能力。这类烹饪从业人员往往在工作中学会了“观全局”的能力，持续地学习饮食潮流、社会生活走向、学习文化知识、学习新生事物、阅读一切与生活相关的知识与常识。他们的自控能力与学习能力比较强、不断地自我充电，并且对餐饮有自己独特的见解。未来可能更多从事的是后厨管理岗位，发挥自己的管理才能（图5-15）。

图5-15 管理人才

3. 玩转跨界的创业型人才

美食家王刚，大家应该都不陌生，就是玩转跨界创业的烹饪从业人员代表人物之一。还有不少烹饪从业人员参加综艺节目、运营自媒体都有不错的发展。像不少从烹饪从业人员起步，开始了自己的开店生涯，最终成为成功的创业者的大有人在。未来的烹饪从业人员除了可以投资餐饮之外，更可以当美食作家、美食评论家，与美食相关的很多行业都可以由烹饪从业人员来完成。

4. 纵横驰骋的世赛选手

世界技能大赛由世界技能组织举办，是最高层级的世界性职业技能赛事，被誉为“技能奥林匹克”，是世界技能组织成员展示和交流职业技能的重要平台。

世界技能大赛比赛项目共分为6个大类，分别为结构与建筑技术、创意艺术和时尚、信息与通信技术、制造与工程技术、社会与个人服务、运输与物流，其中社会与个人服务类下设烹饪（Cooking）项目。大部分竞赛项目对参赛选手的年龄限制为22岁，制造团队挑战赛、机电一体化、信息网络布线和飞机维修四个有工作经验要求的综合性项目，选手年龄限制为25岁。因此，年轻有为的烹饪从业者可以参加世界技能大赛，在赛场上与世界各国的同行精英切磋技艺、交流友谊。

由此可见，烹饪从业人员真的很有发展前途，前景光明，生活如意，事业尽在手中。如果你是一个乐于钻研的人，可以在烹饪技巧的路上走得更深更远；如果你是一个善于管理沟通的人，你可以努力成为餐饮企业的领导层；如果你更有创意更有自己的想法，可以尝试更多新鲜的事物，也是个非常好的选择。

五、实现烹饪职业理想的路径

1. 了解自己

你能做什么人？人最难看清楚的是自己。

青年学生更容易把自己放在很高的起点去观察周围环境，思考职业未来，甚至还想将来所从事的工作条件要比别人好一些，付出的劳动比别人少一些，拿的工资却要比别人高一些的。显然，这种失去“自我”的职业憧憬是“空中楼阁”，是“水中月亮”，永远是可望而不可即的。只有从自身出发，从自己的所受教育、自己的能力倾向、自己的个性特征、身体健康状况出发，才能够准确定位，瞄准适合自己的岗位，并为之不懈努力。

2. 了解职业

你要干什么？并非所有的职业都适合你，也并非你能胜任所有的职业岗位。

每种职业都有与之相适应的职业能力要求。除了具备观察、思维、表达、操作、公关等一般能力之外，一些特殊行业还有特殊要求。对于会计、出纳、统计、建筑师、工业药剂师等职业来说，从业人员必须具备很强的计算能力。与图纸、建筑、工程等打交道的工作，以及牙科医生、内外科医生等职业，对空间判断能力的要求较高。对于图形的阴暗、线的宽度和长度能做出视觉上的区别和比较的人，就能够从事美术装潢、电器修理、动植物检疫等工作。因此，有选择地、有针对性地培养自己的能力，主动去适应并接受职业岗位的挑战是十分重要的。

3. 了解社会

让你干什么？职业的存在和发展与社会的需求是紧密联系的。

了解社会的需求是成功择业并就业的关键。了解社会主要是要了解社会需求量、竞争系数和职业发展趋势。社会需求量是指一定时期职业需求的总量。这是一个动态的又相对稳定的数量。例如，有的职业有很高的社会名望，但需求量很少；有的职业不为多数人看好，但有发展前途，且需求量较大。竞争系数是指谋求同一种职业的劳动者人数的多少。在其他条件一定的情况下，竞争系数越大，就业概率越小。社会地位高、工作条件好、工资待遇优的职业，想要谋取的人数多，相应地竞争系数就大。职业发展趋势是指职业未来发展的态势。有些职业一时需求量大，竞争激烈，但随着社会的发展将日趋衰落；有些职业暂时处于受冷落状况，但随着社会的发展会日益兴旺。因此，加强对社会职业需求的分析和预测，了解社会职业岗位需求情况是极其重要的。

参考文献

刘彤．旅游烹饪职业道德［M］．成都：四川人民出版社，2009．